Test 1

Inhalte: Zuordnungen in Tabellen und Grafen, proportionale und antiproportionale Zuordnungen

Zeitbedarf: 20 Minuten

1. a) Auf dem Wochenmarkt wird Spargel verkauft. ___ von 6

Fülle die Tabelle bis 2,5 kg in 500-g-Schritten aus. Zeichne anschließend die Wertepaare in ein geeignetes Koordinatensystem und verbinde sie.

Wertetabelle:

Spargelmenge in kg						
Preis in €						

Grafische Darstellung im Koordinatensystem:

b) Begründe, dass die Zuordnung *„Spargel in kg → Preis in €“* eine proportionale Zuordnung ist. ___ von 1

2. Das Organisationskomitee einer Schule plant ein Treffen ehemaliger Schülerinnen und Schüler. Für die Feier mieten das Komitee die Stadthalle, für die es als Tagesmiete 1 000 € bezahlen muss.

Die Zuordnung *„Anzahl ehemaliger Schüler → Preis pro Schüler“* wird durch den nebenstehenden Grafen dargestellt.

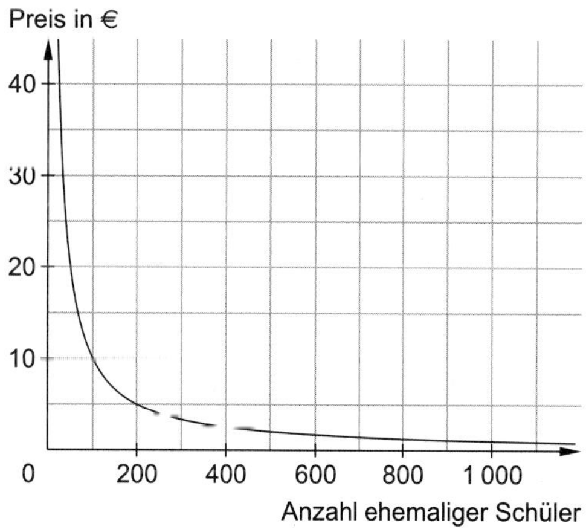

a) Wie nennt man den Grafen einer Zuordnung, wie er hier abgebildet ist? ___ von 1

Antwort: ______________________________

b) Welchen Eintrittspreis muss das Organisationskomitee von den ehemaligen Schülern nehmen, um die Mietkosten zu decken? Fülle dazu die Tabelle aus. ___ von 3

Anzahl ehemaliger Schüler	500	250	125	100	50
Preis pro ehemaligem Schüler in €					

2 **3.** Handeln die Aufgaben von proportionalen oder antiproportionalen Zuordnungen? Oder weder noch? Kreuze an. ___ vo

	proportional	antiproportional	weder noch
Ein Pkw verbraucht 8 ℓ Benzin auf 100 km. In seinem Tank befinden sich 64 ℓ. Wie weit kommt er damit?	☐	☐	☐
Für ein neues Einkaufszentrum werden alte Häuser abgerissen. Um den Bauschutt abzutransportieren, bräuchten 5 Lkw 2 Wochen. Gib an, wie lange 10 solche Lkw bräuchten.	☐	☐	☐
Ein Huhn braucht zum Ausbrüten von 8 Eiern 21 Tage. Wie lange braucht das Huhn zum Ausbrüten von 16 Eiern?	☐	☐	☐
Zu Beginn der Badesaison wird ein Freibad mit 2 gleichen Wasserpumpen in 4 Tagen gefüllt. In wie vielen Tagen könnten 8 solche Pumpen das Freibad füllen?	☐	☐	☐

4. a) Welcher Graf stellt eine antiproportionale Zuordnung dar? Kreuze an. ___ vo

Taxikosten

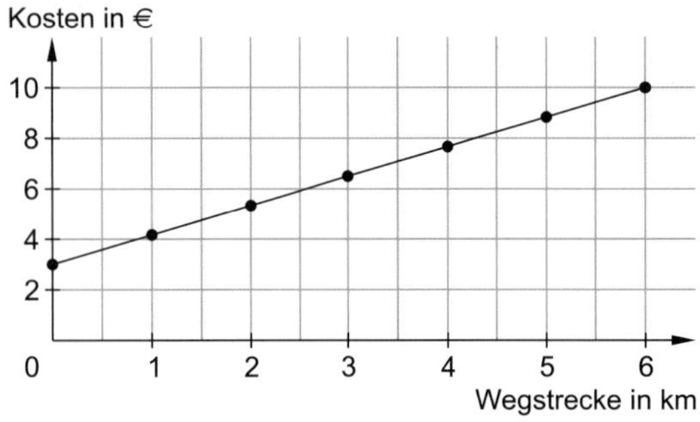

☐ antiproportionale Zuordnung
☐ keine antiproportionale Zuordnung

Benzinkauf

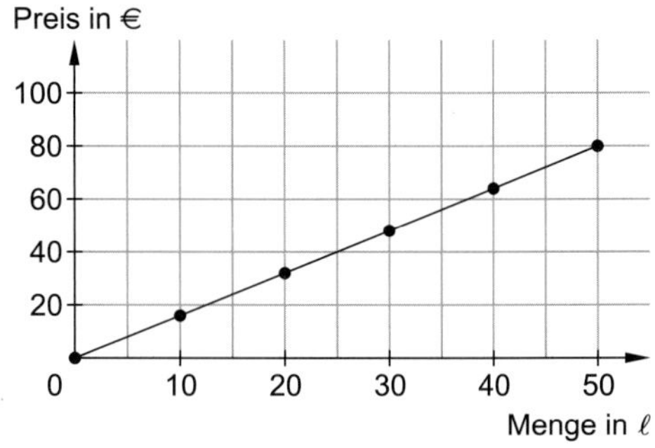

☐ antiproportionale Zuordnung
☐ keine antiproportionale Zuordnung

Brunnenfontäne

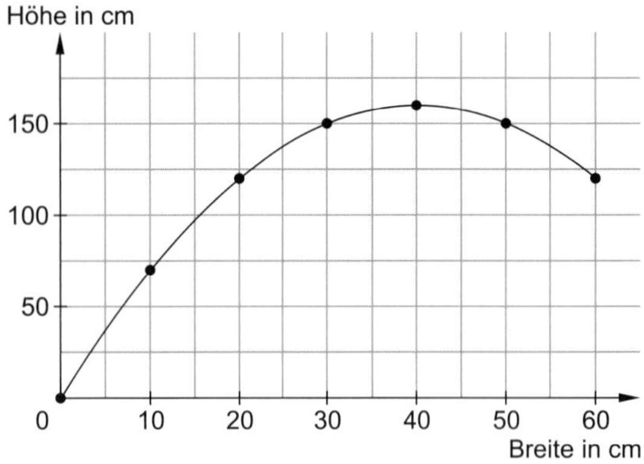

☐ antiproportionale Zuordnung
☐ keine antiproportionale Zuordnung

Klassenfahrt

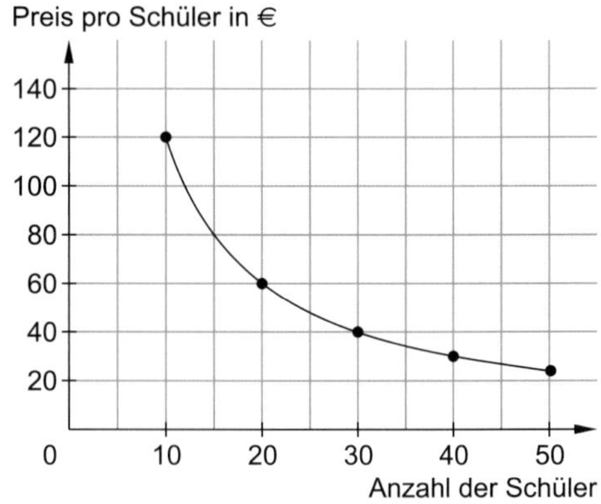

☐ antiproportionale Zuordnung
☐ keine antiproportionale Zuordnung

b) Gib den Zuordnungsfaktor der antiproportionalen Zuordnung aus Teilaufgabe a an. ___ vo

Der Zuordnungsfaktor des Diagramms ____________________ ist: ______________________________

Notenschlüssel

1	2	3	4	5	6
20–18	17–15	14–12	11–9	8–4	3–0

So lange habe ich gebraucht: ______________

So viele Punkte habe ich erreicht: ______________

Klassenarbeit 1

Inhalte: proportionale Zuordnungen erkennen und beurteilen, grafische Darstellung, Dreisatz
Zeitbedarf: 45 Minuten

1. Beurteile, ob die folgenden Aussagen eindeutig proportionalen Zuordnungen entsprechen. Kreuze an. ___ von 2

	ja	nein
Bei doppelter Geschwindigkeit wird bei gleicher Zeit der doppelte Weg zurückgelegt.	☐	☐
Je mehr Kinder in einer Klasse sind, desto häufiger fehlen Kinder wegen Krankheit.	☐	☐
Je mehr jemand tankt, desto mehr Geld muss er bezahlen.	☐	☐
Je mehr Teile im Einkaufswagen liegen, desto mehr muss man bezahlen.	☐	☐
Je mehr gleiche Münzen man hat, desto höher ist ihr Gesamtgewicht.	☐	☐

2. In der Fleischerei Hansen gibt es jeden Donnerstag drei Sorten Schinken im Sonderangebot:

100 g Schwarzwälder für 1,80 €

100 g Nuss-Schinken für 1,50 €

100 g Schinkenspeck für 1,20 €

a) Die drei zugehörigen Zuordnungen *„Schinken in g → Preis in €“* sind im nebenstehenden Koordinatensystem dargestellt. Beschrifte die Achsen im Koordinatensystem korrekt. Teile dafür die Rechts- und die Hochachse sinnvoll ein. ___ von 4

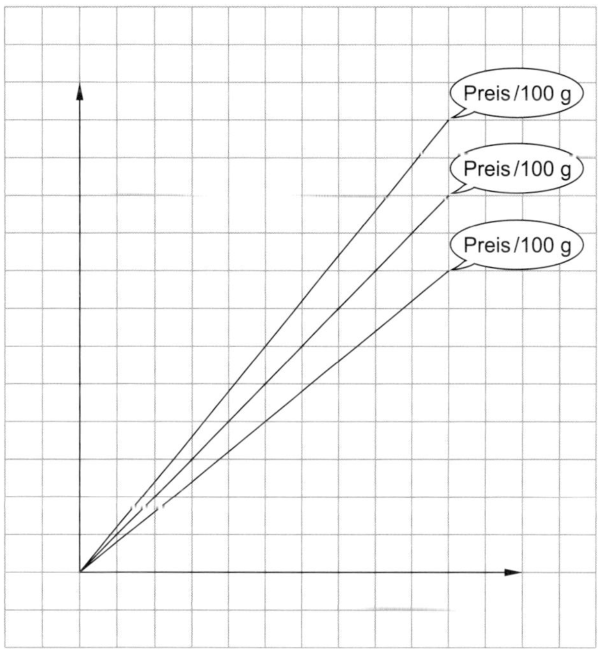

b) Wie kann man an den Grafen ablesen, welches der teuerste und welches der preiswerteste Schinken ist? ___ von 2

____

____

____

____

3. *Vorsicht im Straßenverkehr:* Vom Erkennen eines Hindernisses bis zum Stillstand legt ein Auto noch einige Meter zurück. Dieser Anhalteweg hängt von der Reaktionszeit und der gefahrenen Geschwindigkeit ab und teilt sich in Reaktionsweg und eigentlichen Bremsweg auf. Fahrschulen benutzen zur Berechnung des Reaktionsweges folgende Formel: Reaktionsweg in m $= \frac{\text{Geschwindigkeit in } \frac{km}{h}}{10} \cdot 3$

a) Fülle die Tabelle für die Geschwindigkeiten und die zugehörigen Reaktionswege aus. ___ von 4

Geschwindigkeit in $\frac{km}{h}$	0	10	50	80	
Reaktionsweg in m		3			45

Für den Bremsweg wird in Fahrschulen eine andere Faustformel verwendet. Damit wurde der Bremsweg für einige Geschwindigkeiten berechnet:

Geschwindigkeit in $\frac{km}{h}$	0	10	50	80	100	110
Bremsweg in m	0	1	25	64	100	121

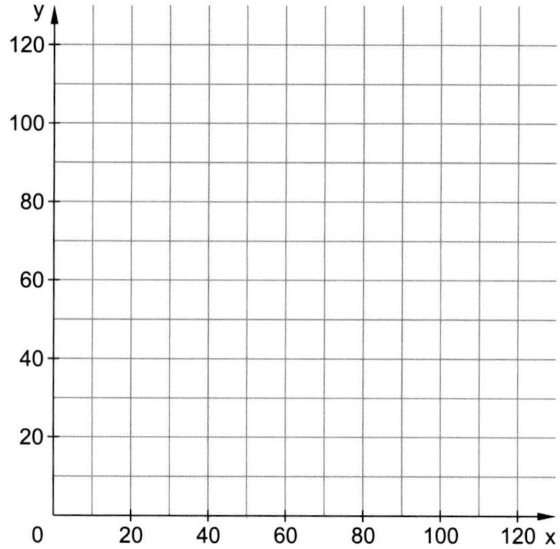

b) Zeichne den Grafen der Zuordnung *„Geschwindigkeit in $\frac{km}{h}$ → Bremsweg in m"* in das nebenstehende Koordinatensystem.

___ vo

c) Ist die Zuordnung proportional? Begründe.

___ vo

4. Obstbauer Huber kann mit seiner Apfelentsaftungsmaschine aus 200 kg Äpfeln 150 Liter Apfelsaft erzeugen. In einer Stunde kann er damit sogar insgesamt 300 Liter Apfelsaft produzieren.

a) Fülle die Tabelle zur proportionalen Zuordnung *„Apfelmenge in kg → Apfelsaft in ℓ"* aus.

___ vo

Apfelmenge in kg	0	20	50	100		200
Apfelsaft in ℓ					112,5	

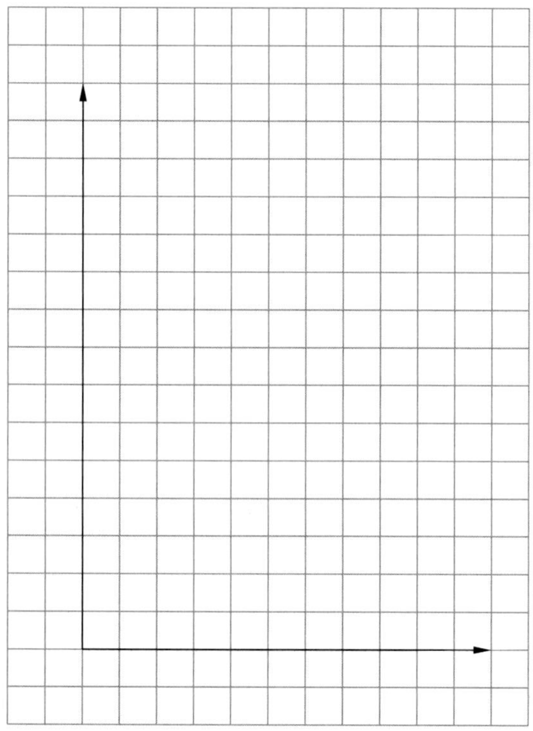

b) Stelle im Koordinatensystem die Zuordnung *„Apfelmenge in kg → Apfelsaft in ℓ"* dar.

___ vo

c) Wie viele Liter werden pro Minute produziert?

___ vo

5. Entscheide jeweils, ob die Zuordnung proportional ist oder nicht.

a)

Gewicht in g	100	250	400	500
Preis in €	1,28	3,20	5,12	6,40

☐ proportional
☐ nicht proportional

___ vo

b)

Entfernung in km	1	4	5	8
Preis in €	3,60	8,40	10,00	14,80

☐ proportional
☐ nicht proportional

___ von 1

c)

Geschwindigkeit in km/h	0	10	20	50
Bremsweg in m	0	1	4	25

☐ proportional
☐ nicht proportional

___ von 2

6. Lea hat zu ihrer Geburtstagsfeier 17 Freunde eingeladen. Ihr Vater soll für jeden, der an der Feier teilnimmt, eine große Pizza backen. Dafür organisiert sie ihm ein Rezept für einen italienischen Pizzateig mit den nebenstehenden Mengenangaben. Ein Teig reicht dabei für 6 Pizzen.

Italienischer Pizzateig

für 6 Pizzen

500 ml Wasser
930 g feines Mehl
40 g Hefe
20 g Salz
25 ml Olivenöl
eine Prise Zucker

a) Wie viele Pizzen muss Leas Vater für die Feier backen? ___ von 1

____

b) Berechne, wie viel Mehl für die Pizzen nötig ist. Gehe von deiner Antwort zu Teilaufgabe a aus. ___ von 2

c) Welche Zutatenangabe lässt sich bei dem Pizzarezept nicht genau berechnen? ___ von 1

____

7. Die Fleischerei „Gutes-Vor-Ort" macht zur Eröffnung der Grillsaison nebenstehende Aktionsangebote. Tims Onkel hat für eine erste Grillfeier 1,2 kg Bratwurst und 6 Nackensteaks zu je 150 g gekauft. Berechne, wie viel Tims Onkel insgesamt bezahlen musste. ___ von 4

Notenschlüssel

1	2	3	4	5	6
37–33	32–28	27–22	21–17	16–7	6–0

So lange habe ich gebraucht: ____________

So viele Punkte habe ich erreicht: ____________

Klassenarbeit 2

Inhalte: antiproportionale Zuordnungen erkennen und beurteilen, Dreisatz, grafische Darstellung

Zeitbedarf: 45 Minuten

1. Entscheide: Antiproportionale Zuordnungen sind … ☐ quotientengleich ☐ produktgleich ___ vo

2. Ergänze die Wertetabellen jeweils zu antiproportionalen Zuordnungen. ___ vo

a)

Anzahl der Pumpen	1	3	6
Zeit in h	24		

b)

Anzahl der Kaninchen	10	5	
Anzahl der Fütterungstage	20		8

c)

Teilnehmer einer Busfahrt	15	20	
Kosten pro Teilnehmer in €	40		25

Platz für Berechnungen:

3. In der folgenden Tabelle ist das Abkühlen eines Tonofens nach dem Brennen von Schülerarbeiten aus dem Kunstunterricht als Zuordnung *„Zeit in h → Temperatur in °C“* dargestellt.

Zeit in h	0	1	2	3	4	5	6	12	48
Temperatur in °C	1 060	860	720	600	500		400	200	24

a) Zeige mit der Tabelle, dass nicht jede „je mehr …, desto weniger“-Zuordnung antiproportional ist. ___ vo

b) Nach fünf Stunden wurde die Temperatur des Ofens ebenfalls gemessen. ___ vo
Welcher der folgenden Temperaturwerte sollte in die Tabelle eingetragen werden? Kreuze an.

☐ 500 °C ☐ 470 °C ☐ 440 °C ☐ 410 °C

4. Louisa, Marvin und Leon gehen gemeinsam in die Zoohandlung, um Futter für ihre Haustiere zu kaufen. Jeder der drei kauft so viel Futter, dass es für seine Tiere für die nächsten 7 Tage reicht. Begleitet werden sie von Luke, der zwar kein eigenes Haustier hat, der aber mit Marvins Hund vor dem Laden wartet. Louisa erzählt auf dem Weg zur Zoohandlung ganz stolz von ihren 2 Kaninchen.

a) Luke hat für die Zuordnung *„für eine bestimmte Anzahl von Tieren einer Tierart reicht das Futter für eine bestimmte Zeit“* zwei Grafen gezeichnet. Die Achsen hat er mit x und y benannt.
Wofür stehen die Variablen x und y? ___ von 2

x steht für:

____

y steht für:

____

____

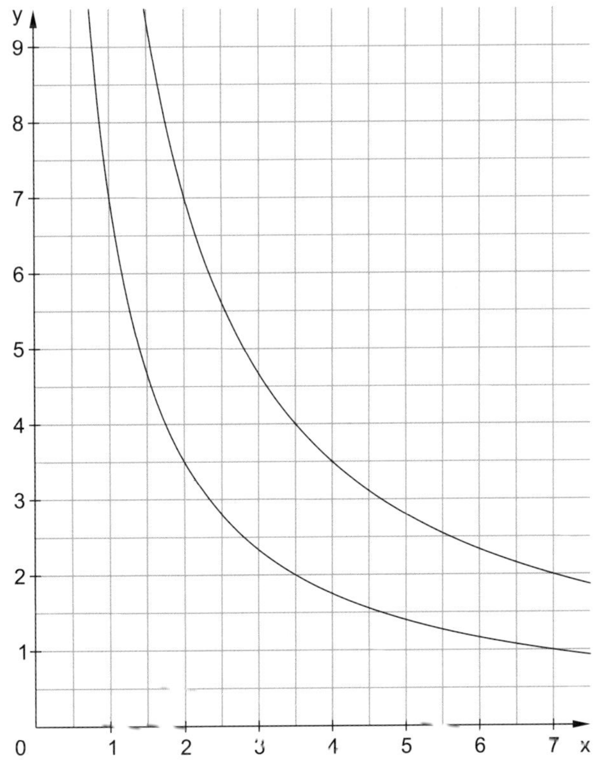

b) Einer der Grafen gehört zu Louisas Kaninchen, der andere zu Marvins Hund.
Ordne zu und beschrifte die beiden Grafen. ___ von 2

c) Leon hat für seine 4 Wellensittiche das Futter für die nächsten 7 Tage gekauft.
Skizziere den Grafen im Koordinatensystem. ___ von 2

5. a) In der Zahnpastafabrik „Zahnrein“ können mit 4 Maschinen pro Stunde 3 600 75-$m\ell$-Tuben mit Zahnpasta gefüllt werden. ___ von 6
Wie lange brauchen für die gleiche Anzahl von 75-$m\ell$-Tuben 2, 3, 6, 8, 10 gleiche Maschinen?
Fülle die Tabelle aus und zeichne den Grafen in das Koordinatensystem. Beschrifte die Achsen.

Tabelle:

Anzahl der Maschinen	2	3	4	6	8	10
Zeit in min			60			

Koordinatensystem:

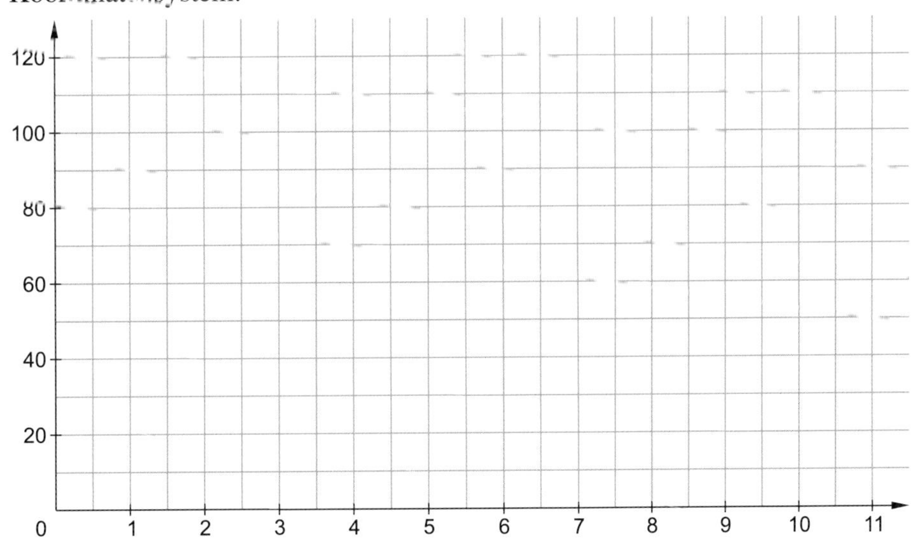

Platz für Berechnungen:

b) Durch einen Wechsel der Abfüllköpfe lassen sich mit den 4 Maschinen in der gleichen Zeit 2 160 125-$m\ell$-Tuben mit Zahnpasta füllen. ___ vo
Füllen die 4 Maschinen mit diesen Abfüllköpfen pro Stunde die gleiche Menge an Zahnpasta ab?

6. Auf einer Großbaustelle in der Innenstadt müssen 40 000 m^3 Erdaushub abgefahren werden. Bei 10 Fahrten täglich bräuchte 1 Lkw hierfür alleine 300 Arbeitstage. Die Erdaushubarbeiten sollen jedoch innerhalb von 20 Arbeitstagen abgeschlossen sein.

a) Wie viele Lkw müssen eingesetzt werden, um die Vorgabe von 20 Arbeitstagen zu erfüllen? ___ vo

b) Für die ersten 10 Arbeitstage werden 10 Lkw mit 10 Fahrten pro Tag eingesetzt. Nach 10 Tagen können zusätzlich weitere 10 Lkw mit täglich 10 Fahrten eingesetzt werden. ___ vo
Lässt sich der gesamte Erdaushub so in 20 Arbeitstagen abfahren?

Notenschlüssel

1	2	3	4	5	6
31–28	27–23	22–19	18–14	13–6	5–0

So lange habe ich gebraucht: ____________

So viele Punkte habe ich erreicht: ____________

Test 2

Inhalte: Winkel, Sätze über Winkelbeziehungen, Flächeninhalt und Umfang von Dreiecken

Zeitbedarf: 20 Minuten

1. Je nach ihrer Größe werden Winkel als spitze, rechte, stumpfe, gestreckte, überstumpfe oder volle Winkel bezeichnet. ___ von 4

Zeichne in den Stadtplan je einen spitzen Winkel α, einen rechten Winkel β, einen stumpfen Winkel γ und einen überstumpfen Winkel δ ein.

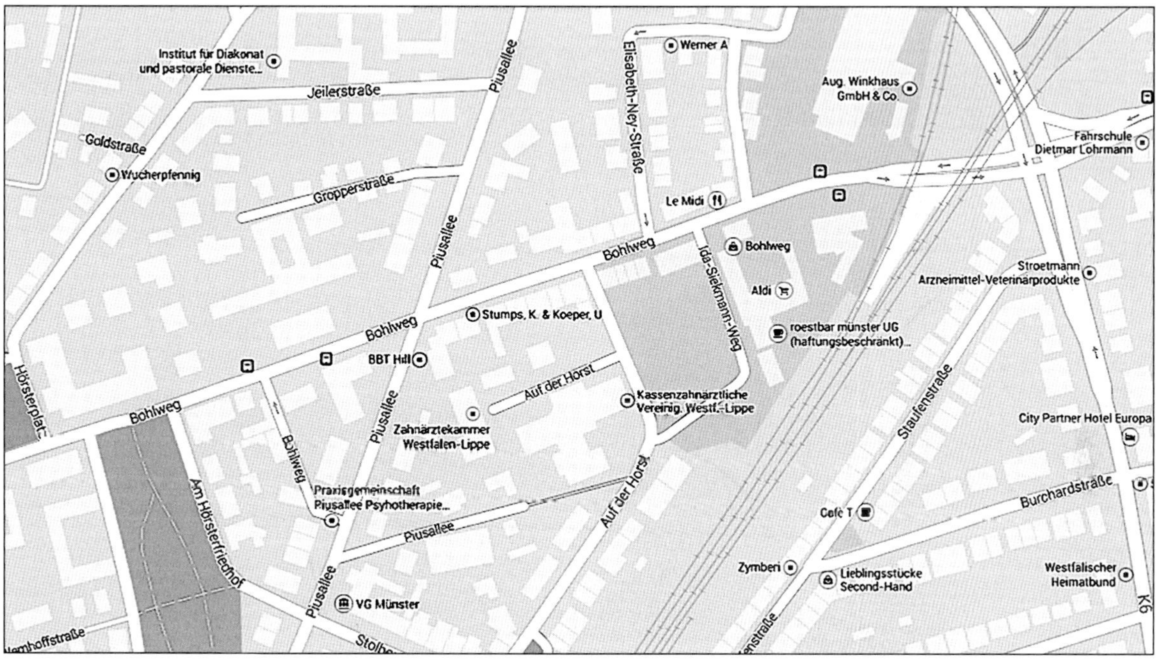

Kartendaten © 2014 GeoBasis-DE/BKG (© 2009), Google

2. a) Gib die Größe der Winkel an. ___ von 3

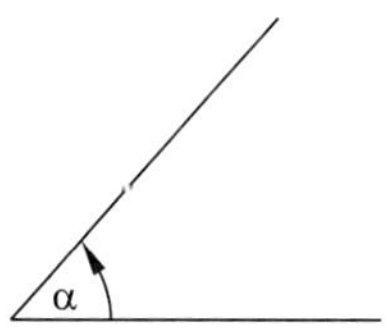

α = ________

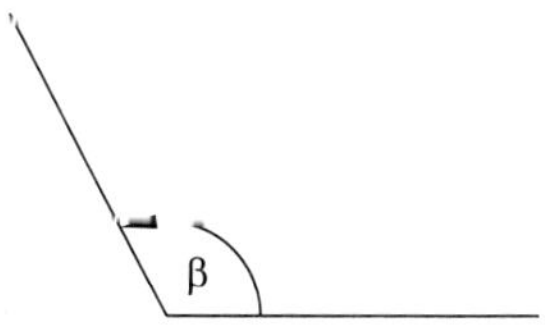

β = ________

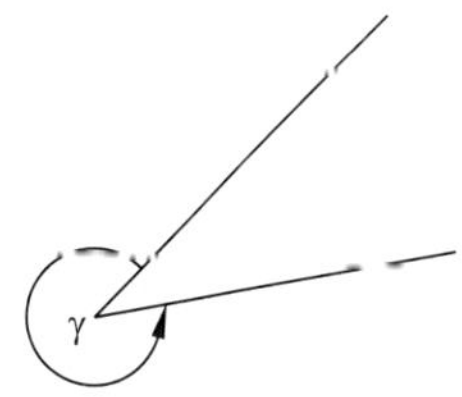

γ = ________

b) Luke behauptet: „*Um 12 Minuten nach 10 ist das obere Winkelfeld zwischen dem Stundenzeiger und dem Minutenzeiger größer als $\frac{1}{3}$ eines Vollkreises.*" ___ von 3

Wie groß muss das Winkelfeld laut Luke mindestens sein?

____

Miss das Winkelfeld genau aus.

Der Winkel beträgt: ________________________________

3. Sind die folgenden Aussagen wahr oder falsch? Kreuze an. ___ vo

	wahr	falsch
Wenn eine Gerade zwei weitere Geraden kreuzt, entstehen grundsätzlich Wechselwinkelpaare.	☐	☐
Wenn sich zwei Geraden kreuzen, kann kein überstumpfer Winkel erzeugt werden.	☐	☐
Alle flächengleichen Dreiecke haben den gleichen Umfang.	☐	☐
Verdoppelt man die Seitenlängen eines Dreiecks, verdoppelt sich der Umfang.	☐	☐
Dreiecke mit gleichen Winkelgrößen haben immer den gleichen Umfang.	☐	☐

4. In ein Koordinatensystem sind zwei Rechtecke eingezeichnet. Die Diagonalen teilen das größere Rechteck in vier Dreiecke. Gib die Größen der Winkel β und δ an. Begründe mithilfe der Winkelsätze. ___ vo

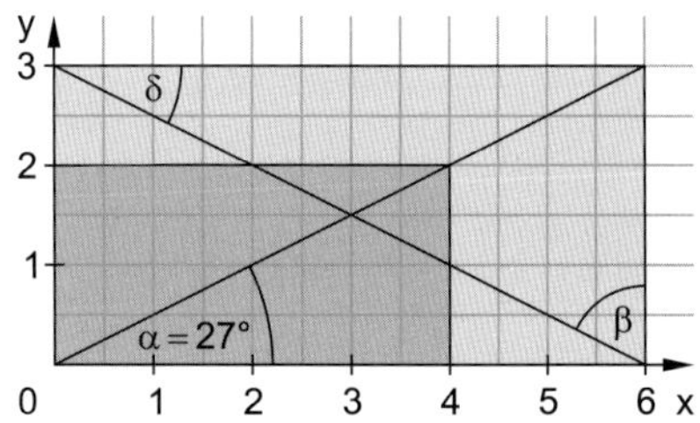

β = ____________ δ = ____________

Begründung:

5. Welche der folgenden Dreiecke sind flächengleich? ___ vo

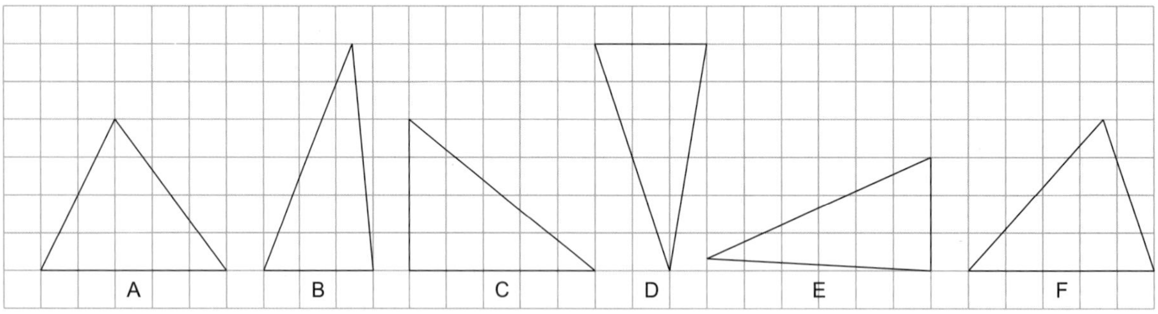

Flächengleiche Dreiecke sind: ____________________

Begründung:

Notenschlüssel

1	2	3	4	5	6
23–21	20–17	16–14	13–11	10–5	4–0

So lange habe ich gebraucht: ____________

So viele Punkte habe ich erreicht: ____________

Klassenarbeit 3

Inhalte: Winkel, Dreiecksfläche und -umfang, Kongruenz, Konstruktion, Tabellenkalkulation

Zeitbedarf: 45 Minuten

1. a) Bestimme die fehlende Winkelgröße in nebenstehender Skizze, ohne zu messen, und begründe deine Aussage. ___ von 2

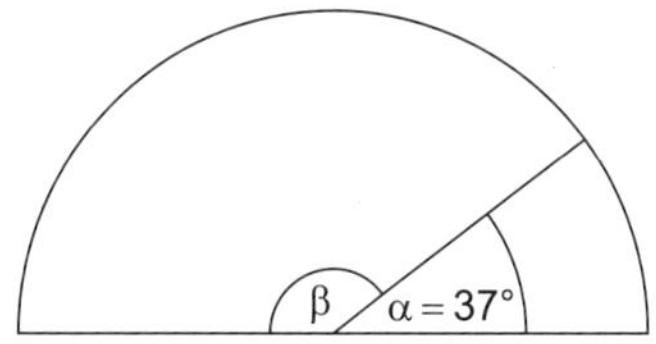

Der Winkel β beträgt 143°

Begründung:

143°

b) Bestimme die fehlenden Winkelgrößen, ohne zu messen. ___ von 3

Hinweis: Die Geraden a und b verlaufen parallel.

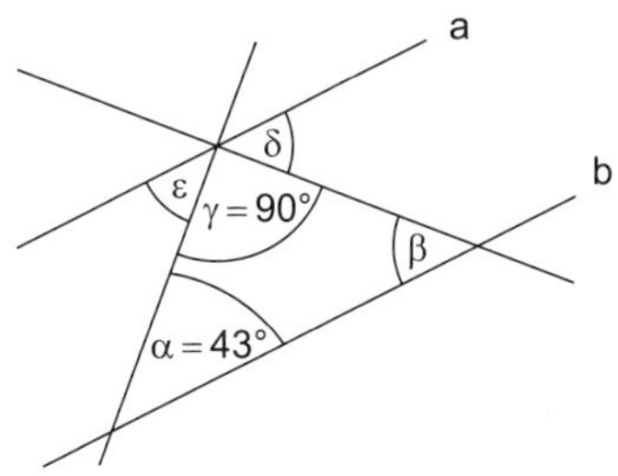

β = ______

δ = ______

ε = ______

2. Ein Dreieck hat einen Umfang von 12 cm. Die Seite a ist 1 cm kürzer als die Seite b, die Seite c ist 1 cm länger als die Seite b. Für die Seitenlängen gilt somit: $c > b > a$ ___ von 2

Bestimme die Seitenlängen des Dreiecks.

3. Pascal soll den Umfang eines dreieckigen Waldstücks ermitteln. Dafür geht er die Wegstrecke des Waldstücks ab und berichtet hinterher, dass die Seitenlängen 450 m, 210 m und 225 m sind. ___ von 3

Pascals Schwester Viola sagt: *„Das kann gar nicht stimmen!“*

Welche sinnvolle Begründung kann Viola haben? Schreibe auf.

4. Joel ermittelt mit einem Tabellenkalkulationsprogramm unterschiedliche Seitenlängen von Dreiecken, die alle einen Umfang von 24 cm besitzen.

	A	B	C	D
1	Umfang von Dreiecken			
2	Seite a in cm	Seite b in cm	Seite c in cm	
3	6	8	10	24
4	5,5	7		24
5	12	3	9	

a) Berechne die Werte in den Zellen C4 und D5. ___ von 2

Wert in Zelle C4: ______ Wert in Zelle D5: ______

b) Gib eine Formel für den Wert in Zelle D5 an: ______ ___ von 2

5. Von den nachfolgenden Dreiecken ABC sind immer je zwei kongruent. Schreibe die jeweils kongruenten Dreiecke in die linke Spalte der Tabelle und die Begründungen für ihre Kongruenz in die rechte. ___ vo

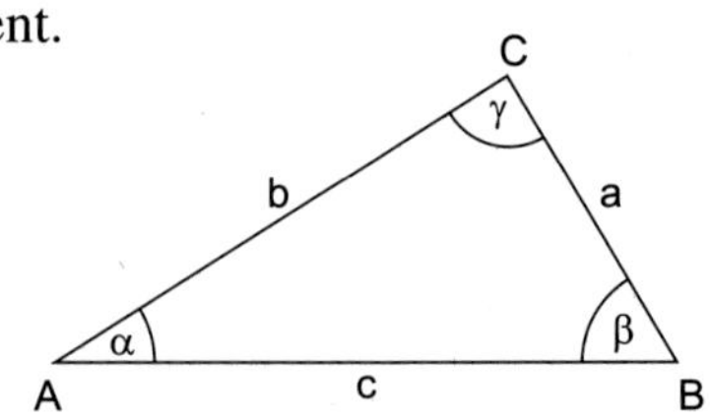

I: $a=3$ cm; $b=4$ cm; $c=5$ cm II: $\gamma=60°$; $a=4$ cm; $b=7$ cm

III: $\alpha=60°$; $b=4$ cm; $c=7$ cm IV: $a=6$ cm; $b=6$ cm; $c=6$ cm

V: $\alpha=60°$; $\beta=60°$; $c=6$ cm VI: $c=3$ cm; $b=4$ cm; $a=5$ cm

kongruente Dreiecke	Begründungen
I und	Die beiden Dreiecke sind kongruent, weil
	Die beiden Dreiecke sind kongruent, weil
	Die beiden Dreiecke sind kongruent, weil

6. Sophia hat begonnen, ein Dreieck zu konstruieren:

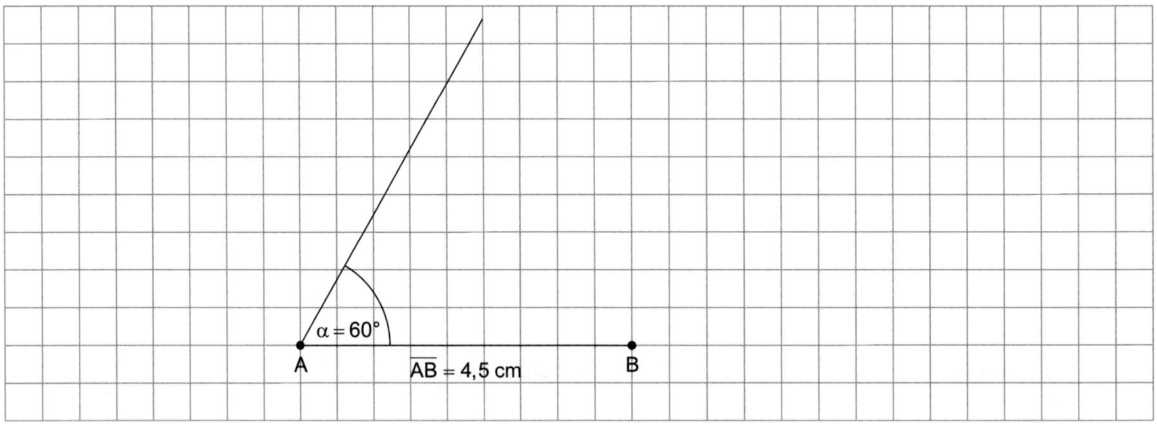

Die Seite $\overline{AB}$ ist 4,5 cm lang, der Winkel α beträgt 60°. Die Seite $\overline{AC}$ soll 3 cm lang sein.

a) Vervollständige die Konstruktion und entnimm deiner Zeichnung die fehlenden Größen. ___ vo

$\beta=$ ______________ $\gamma=$ ______________ $\overline{BC}=$ ______________

b) Beschreibe die fehlenden Konstruktionsschritte. ___ vo

____

____

____

7. Ein Billardtisch hat eine Spielfläche von 127 cm × 254 cm. Auf der Spielfläche liegen drei Kugeln E, F und G.
Wie weit liegen die Kugeln E und G auseinander? Gehe dafür folgendermaßen vor.

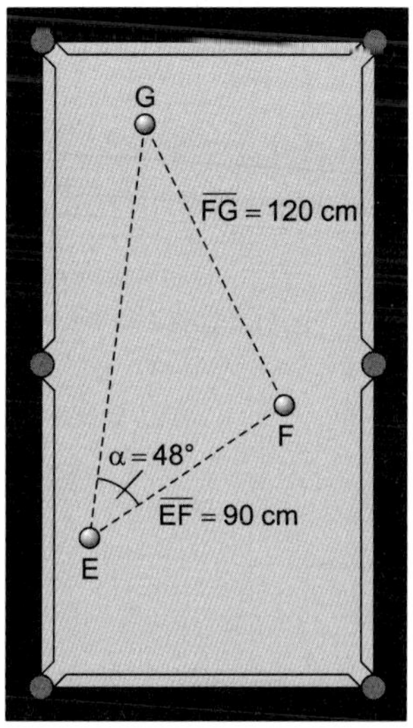

a) Entnimm der nebenstehenden Skizze die nötigen Informationen. ___ von 1

Gegeben: ______________________________

b) Nach welchem Kongruenzsatz ist das Dreieck eindeutig konstruierbar? Kreuze an. ___ von 1

☐ sss ☐ sws ☐ Ssw ☐ wsw

c) Bestimme den Abstand der Kugeln E und G voneinander mithilfe einer Konstruktion. Verwende dafür den Maßstab 1 : 20. ___ von 3

8. Prüfe, ob die Aussagen wahr oder falsch sind. Kreuze an. ___ von 5

	wahr	falsch
Wenn eine Gerade eine andere Gerade kreuzt, sind die entstehenden Scheitelwinkel immer gleich groß.	☐	☐
Verdoppelt man die Höhe h_c und halbiert die dazugehörige Grundseite c, bleibt der Flächeninhalt des Dreiecks gleich.	☐	☐
Dreiecke mit gleichem Umfang sind immer auch kongruente Dreiecke.	☐	☐
Dreiecke sind kongruent, wenn sie in einer Seitenlänge und den anliegenden Winkeln übereinstimmen.	☐	☐
Dreiecke sind kongruent, wenn sie in den Längen von zwei Seiten und einem Winkel übereinstimmen.	☐	☐

Notenschlüssel

1	2	3	4	5	6
35–32	31–27	26–22	21–17	16–8	7–0

So lange habe ich gebraucht: ______________

So viele Punkte habe ich erreicht: ______________

Klassenarbeit 4

Inhalte: Dreiecksfläche, Konstruktion, Winkel- und Seitenhalbierende, Höhenlinie, In- und Umkreis

Zeitbedarf: 45 Minuten

1. Die Schüler sollen in ein gleichseitiges Dreieck alle Seitenhalbierenden, Winkelhalbierenden, Höhen und Mittelsenkrechten einzeichnen. Max sagt: „*Wenn ich die Höhen eingezeichnet habe, habe ich die anderen Linien ebenfalls eingezeichnet!*“ Stimmt die Aussage von Max? Begründe. ___ vo

2. Betrachte den Ausschnitt eines Stadtplans von Münster.

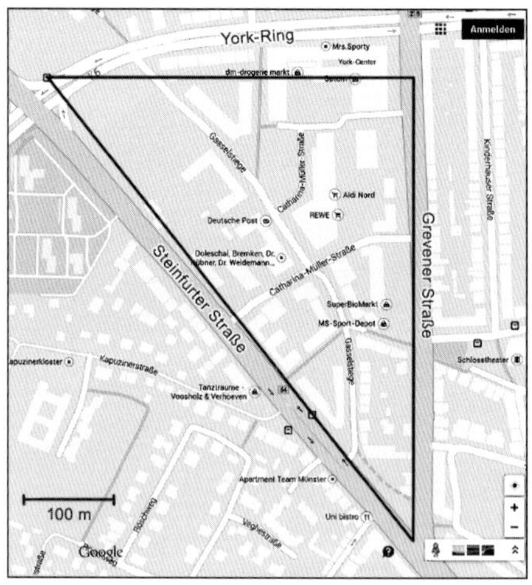

Kartendaten © 2014 GeoBasis-DE/BKG (© 2009), Google

a) Der York-Ring kreuzt die Grevener Straße und die Steinfurter Straße.
Gib die Länge des York-Rings in diesem Abschnitt an. ___ vo

____

b) Kreuze an und begründe: ___ vo
Die Fläche zwischen York-Ring, Grevener Straße und Steinfurter Straße beträgt etwa …

☐ 1 000 m^2 ☐ 10 000 m^2

☐ 100 000 m^2 ☐ 1 000 000 m^2

Begründung:

3. „*Ein Dreieck im Thaleskreis mit r = 5 cm kann höchstens einen Flächeninhalt von 25 cm^2 haben.*“
Entscheide, ob die Behauptung richtig oder falsch ist, und begründe deine Meinung. ___ vo

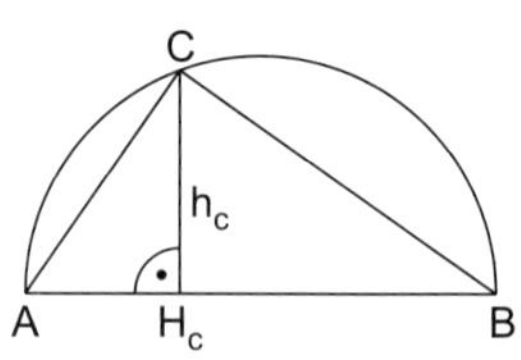

4. Prüfe, ob die Aussagen wahr oder falsch sind. Kreuze an.

	wahr	falsch
In jedem gleichschenkligen Dreieck sind zwei Winkel gleich groß.	☐	☐
Der Schnittpunkt der Seitenhalbierenden eines Dreiecks ist der Umkreismittelpunkt.	☐	☐
Wenn alle Höhen in einem Dreieck gleich lang sind, ist das Dreieck gleichseitig.	☐	☐
Wenn α und β im Dreieck zusammen 90° ergeben, ist das Dreieck rechtwinklig.	☐	☐
Den Umkreis eines Dreiecks konstruiert man mithilfe der Winkelhalbierenden.	☐	☐

___ von 5

5. Ein *Dreiecksflug* ist ein Segelflugwettbewerb, bei dem der Pilot über zwei festgelegte Punkte zum Startpunkt zurückkehren muss. Dreiecksflüge sind eine der Königsdisziplinen des Segelflugsports.

Bei einem Segelflugwettbewerb starten die Flugzeuge im Punkt A, legen 75 km zum Punkt B zurück und fliegen dann 85 km zum Punkt C. Die Strecken $\overline{BC}$ und $\overline{AB}$ bilden einen 28°-Winkel.

a) Zeichne für den Flug eine geeignete Skizze und beschrifte sie mit den gegebenen Informationen. ___ von 2

b) Konstruiere das Segelflugdreieck im geeigneten Maßstab und gib die gesamte Flugstrecke an. ___ von 3

6. Drei Städte in Deutschland sollen mit einem Rettungshubschrauber versorgt werden. Die Stadt O ist von der Stadt B 56 km entfernt, die Stadt O von der Stadt R 114 km und die Stadt R von der Stadt B 132 km. Der Standort soll zu allen Städten die gleiche Entfernung haben.

a) Zeichne für den Standort eine geeignete Skizze. Beschrifte sie mit den gegebenen Informationen. ___ von 2

b) Konstruiere den Standort M für den Hubschrauber. ___ vo

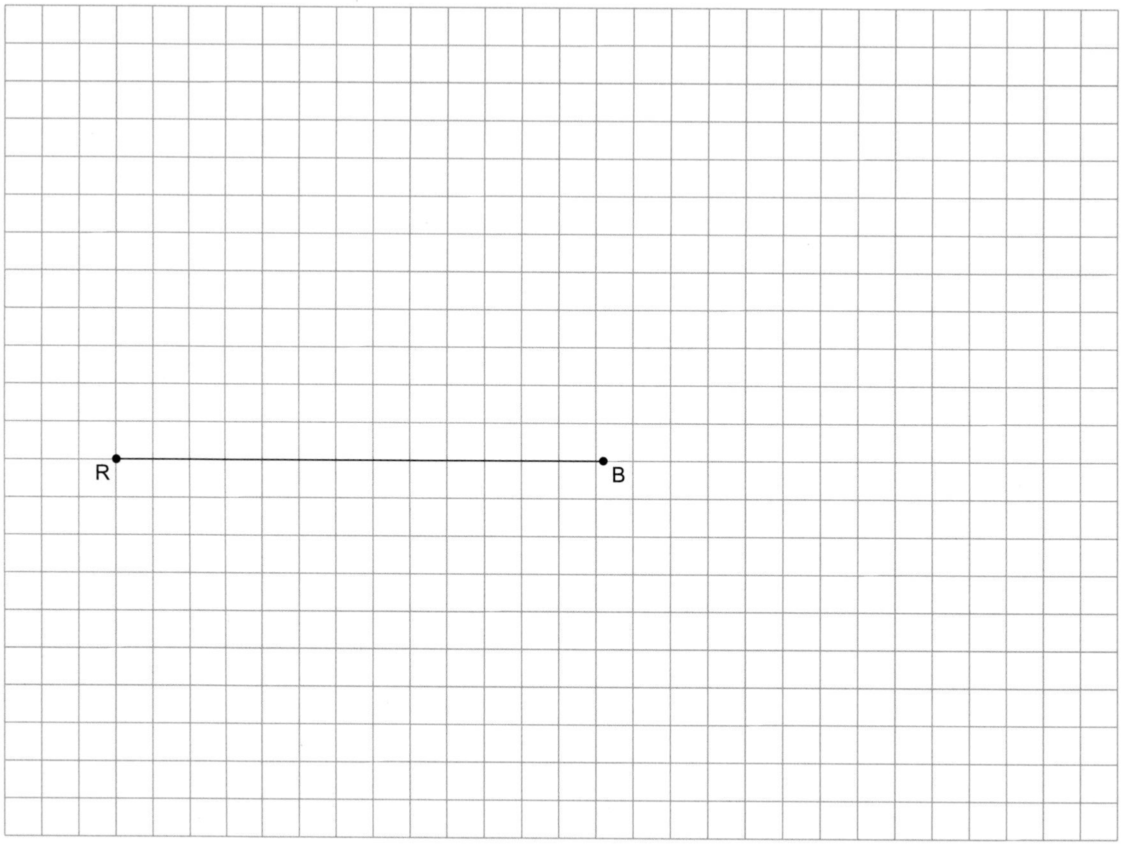

7. a) Konstruiere den Inkreis zu folgendem Dreieck. ___ vo

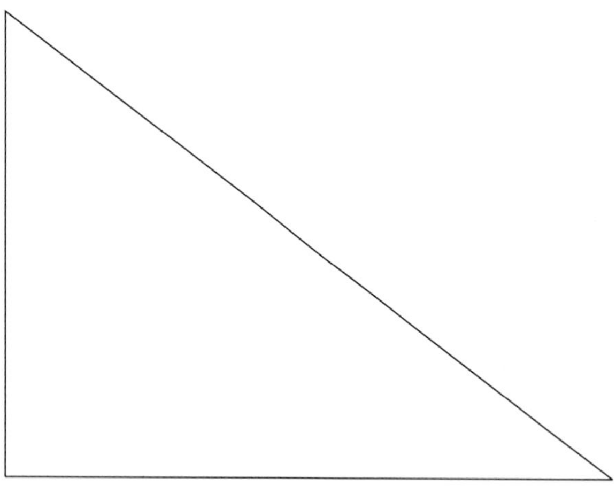

b) Beschreibe kurz in eigenen Worten, wie du den Inkreis konstruiert hast. ___ vo

Notenschlüssel

1	2	3	4	5	6
32–29	28–24	23–19	18–15	14–6	5–0

So lange habe ich gebraucht: ______________

So viele Punkte habe ich erreicht: ______________

Test 3

Inhalte: Prozentschreibweise für Anteile, grafische Darstellung, Säulen- und Kreisdiagramm

Zeitbedarf: 20 Minuten

1. a) Welcher Anteil der Fläche ist jeweils grau gefärbt? Gib den Anteil in Prozent an. ___ von 3

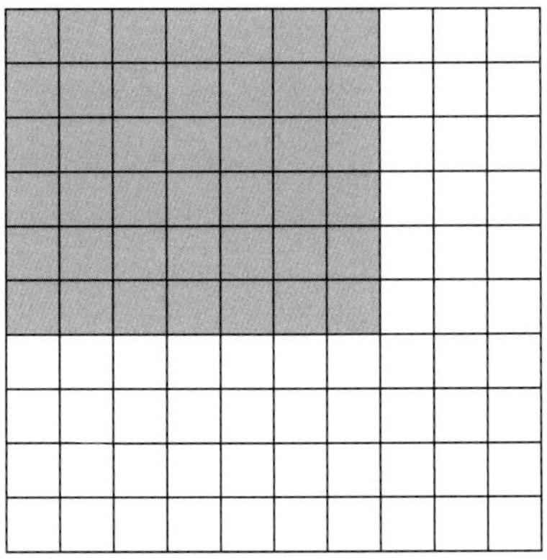

Anteil der grau gefärbten Fläche:

____

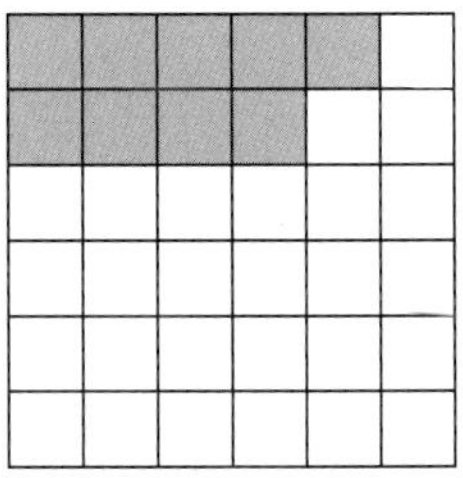

Anteil der grau gefärbten Fläche:

____

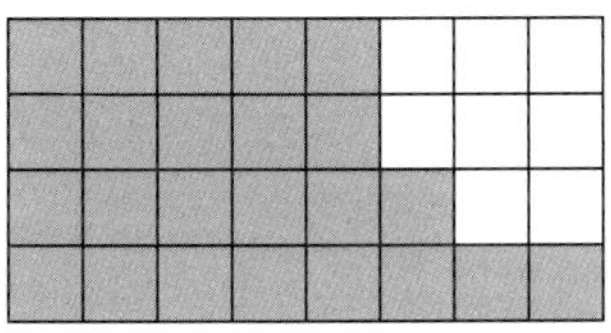

Anteil der grau gefärbten Fläche:

____

b) Ergänze die angegebenen Anteile der Teilflächen zu 100 %. ___ von 2

Teilfläche 1: Teilfläche 2:

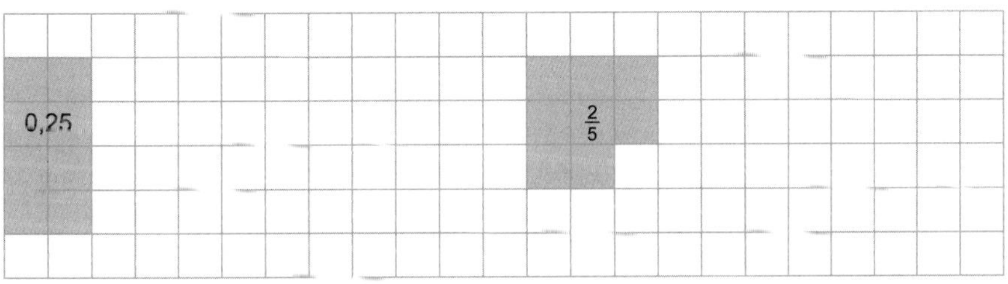

2. Fülle die Tabelle vollständig aus. ___ von 3

Prozentschreibweise	Bruch	Hundertstelbruch	Dezimalbruch
18 %			
	$\frac{4}{5}$		
			0,36

3. Die Klasse 7a hat im Fach Mathematik eine Klassenarbeit geschrieben. Die Mathematiklehrerin hat das Ergebnis zur Veranschaulichung im nebenstehenden Säulendiagramm dargestellt.

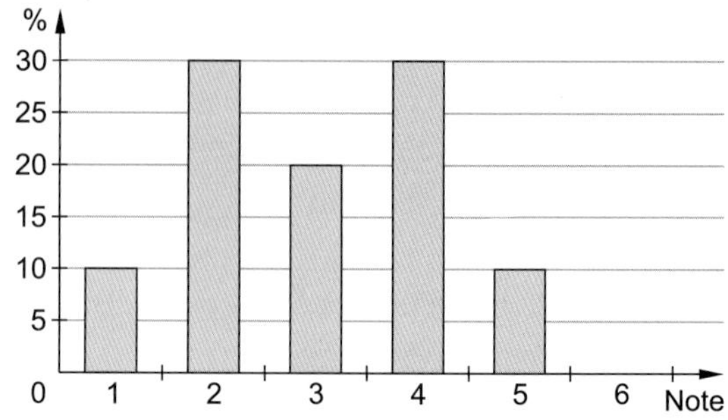

a) Drei Schüler haben als Ergebnis die Note „sehr gut“, also eine 1, bekommen.
Wie viele Schüler haben die Note „ausreichend“, also eine 4, bekommen? ___ vo

b) Stelle das Ergebnis der Klassenarbeit im Kreisdiagramm dar. ___ vo

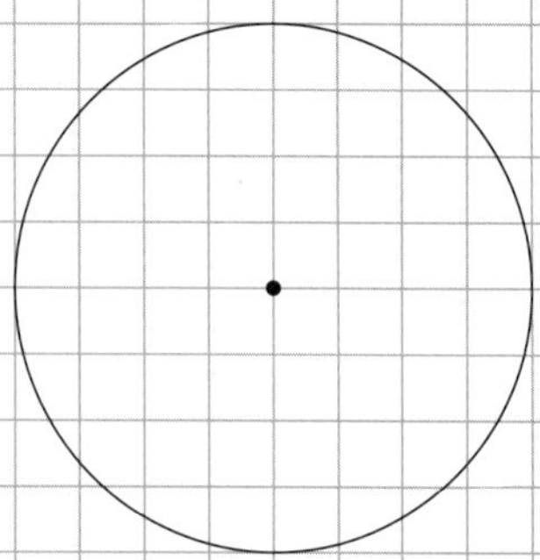

4. Die Klasse 7a sollte im Mathematikunterricht zu folgender Aussage sinnvolle Aufgaben stellen: ___ vo
„Der menschliche Körper besteht zu etwa $\frac{2}{3}$ aus Wasser. Lea wiegt 48 kg.“
Kreuze in der Tabelle an, ob die gestellten Fragen jeweils sinnvoll sind, und löse danach eine deiner als sinnvoll angekreuzten Fragen. Unterstreiche die von dir gewählte Frage.

Frage	sinnvoll	nicht sinnvoll
Entspricht der Wassergehalt in Leas Körper 32 kg?	☐	☐
Ist es möglich, dass Lea 1,50 m groß ist?	☐	☐
Wie viele Kilogramm von Leas Körpergewicht bestehen nicht aus Wasser?	☐	☐
Gib den Wasseranteil in Prozent an.	☐	☐

Lösung der gewählten Frage:

Notenschlüssel

1	2	3	4	5	6
17–15	14–13	12–11	10–8	7–4	3–0

So lange habe ich gebraucht: ___________

So viele Punkte habe ich erreicht: ___________

Klassenarbeit 5

Inhalte: Kreisdiagramm, grundlegende Aufgaben zur Prozent- und Zinsrechnung
Zeitbedarf: 45 Minuten

1. a) Berechne, wie viel 15 % von 750 € sind. ___ von 2

b) Berechne den Grundwert, wenn 8 % vom Grundwert 144 kg sind. ___ von 2

c) Berechne, wie viel Prozent 2,75 Liter von 11 Litern sind. ___ von 2

2. Löse jeweils mithilfe eines Überschlages und kreuze das richtige Ergebnis an.

a) 12 % von 240 km sind … ___ von 2

☐ 15,6 km ☐ 21,4 km ☐ 25,2 km ☐ 28,8 km ☐ 36,6 km

b) 18 kg von 75 kg sind … ___ von 2

☐ 18 % ☐ 24 % ☐ 30 % ☐ 36 % ☐ 42 %

c) 35 ℓ Heizöl sind 8 % von … ___ von 2

☐ 250,25 ℓ ☐ 350,5 ℓ ☐ 437,5 ℓ ☐ 525,25 ℓ ☐ 700 ℓ

Platz für Berechnungen:

3. Das Sportgeschäft „Lauffreunde" hat in einer 70 %-Rabattaktion Laufshirts vom Typ „Allwetter" in verschiedenen Farben angeboten. Bei dieser Aktion wurden 200 Laufshirts verkauft.
Wie viele grüne Laufshirts hat das Sportgeschäft bei der Rabattaktion verkauft?

___ von

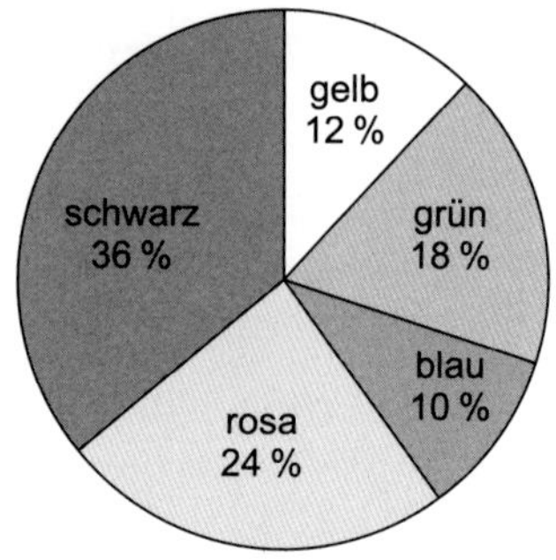

4. In Deutschland werden je nach Beschäftigung unterschiedliche Löhne und Gehälter bezahlt. In der folgenden Tabelle sind die durchschnittlichen Monatsgehälter von 4 Vollzeitbeschäftigten angegeben. Jeder der 4 Angestellten hat eine Lohn- oder Gehaltserhöhung bekommen.
Berechne die fehlenden Werte.

___ von

Löhne und Gehälter	Herr Buchwals	Frau Karac	Frau Wittler	Herr Aytul
alter Lohn (Grundwert G)	4 100 €	3 440 €	3 390 €	3 100 €
Lohnerhöhung in € (Prozentwert P)			128,82 €	
Lohnerhöhung in % (Prozentsatz p in %)		4 %		
neuer Lohn (Grundwert G + Prozentwert P)	4 272,20 €			3 211,60 €

Platz für Berechnungen:

5. Im Anzeigenteil einer Zeitung werden die folgenden Finanzierungsangebote gemacht.

Angebot 1:

SPAR-BANK
EINFACH, SCHNELL UND FLEXIBEL

Bei einem Kredit von 6 000 € zahlen Sie im Jahr nur **300 €** Zinsen.

Angebot 2:

Wenn Sie einen Kredit brauchen

12 500 € sofort.

Nach einem Jahr zahlen Sie nur 13 500 € zurück!

KreisBank

Angebot 3:

Bank **Kredit**

15 000 € Sofortkredit.

Fester Zinssatz für ein Jahr

von nur **6%**

Beurteile die drei Finanzierungangebote mithilfe sinnvoller Berechnungen und ordne dann zu. ___ von 4

günstigstes Angebot:	weniger günstiges Angebot:	ungünstigstes Angebot:
Angebot ________	Angebot ________	Angebot ________

6. Maria und Julia haben am Jahresanfang jeweils ein Konto bei einer Bank eröffnet. Maria erhält einen Zinssatz von 2 % und Julia bekommt 3,3 % Zinsen. Nach einem Jahr erhält Maria 8 € Zinsen, sodass beide nach diesem Jahr gleich viel Geld auf ihren Konten haben. ___ von 4

Wie viel Geld hat Maria und wie viel Geld hat Julia bei der Eröffnung des Kontos eingezahlt, wenn beide nach der Kontoeröffnung keinen weiteren Geldbetrag eingezahlt haben?

Notenschlüssel

1	2	3	4	5	6
36–32	31–27	26–22	21–17	16–7	6–0

So lange habe ich gebraucht: ____________

So viele Punkte habe ich erreicht: ____________

Klassenarbeit 6

Inhalte: Prozent-, Promille- und Zinsrechnung, Streifendiagramm, Monatszins, Tabellenkalkulation
Zeitbedarf: 45 Minuten

1. Ergänze die fehlenden Schreibweisen. ___ von

Echter Bruch	Dezimalbruch	Prozent	Promille
	0,375		
$\frac{1}{8}$			
			0,8 ‰
		9,5 %	

Platz für Berechnungen:

2. Die Jahrgangsstufe 7 hat im Politikunterricht eine Befragung zur Lieblingsbeschäftigung in der Freizeit durchgeführt. Die folgende Tabelle zeigt das Befragungsergebnis:

Freizeittätigkeit	Lesen	Sport	Freunde treffen	Fernsehen	Internet	Sonstiges
Prozentsatz in %	10 %	18 %	22 %	14 %	16 %	

a) Berechne, wie viel Prozent der Schüler eine Lieblingsfreizeitbeschäftigung haben, die unter „Sonstiges“ fällt. ___ von

b) Stelle das Ergebnis der Befragung im vorgegebenen Streifen als Streifendiagramm dar. ___ von

3. Leistungssportler und auch immer häufiger Hobbysportler trinken zur Unterstützung bei sportlicher Betätigung Getränke mit Mineralien (Magnesium, Calcium, Kalium und andere Mineralien). Eine 12,5 g schwere Brausetablette enthält 350 mg Magnesium. ___ von
Gib den Anteil des Minerals Magnesium an der Tablette in Prozent und Promille an.

4. Leons Vater musste für den Kauf eines Autos einen Kredit in Höhe von 11 000 € aufnehmen und bezahlt dafür 6,25 % Zinsen.
Leon schätzt: *„Das sind ja fast 700 € im Jahr!“*
Um wie viel Euro weicht Leons Schätzung vom wirklichen Zinsbetrag ab?

___ von 4

5. Kevin hat zu Weihnachten 500 € geschenkt bekommen und legt das Geld zu einem Zinssatz von 1,5 % bei der Bank an. Nach 6 Monaten holt er das Geld einschließlich der Zinsen von der Bank. Berechne, wie viel Zinsen Kevin für das halbe Jahr bekommt. ___ von 4

6. Manuelas Eltern haben für ein neues Auto gespart. Als sie vom Autohaus ein gutes Angebot bekommen, fehlen ihnen dafür 5 000 €. Manuelas Vater bekommt jedoch in 60 Tagen eine betriebliche Sonderzahlung von 5 000 €. Statt einen Bankkredit aufzunehmen, entscheiden sie sich dafür, ihr Konto für diesen Zeitraum um 5 000 € zu überziehen.
Gib den Zinssatz für die Überziehung an, wenn sie 126 € Überziehungszinsen zahlen müssen. ___ von 4

7. Für eine Verkaufsaktion ermittelt ein Modehaus die neuen Preise mit folgender Tabellenkalkulation:

	A	B	C	D	E
1			**Alles x % billiger**		
2				Preisnachlassgruppe A	30,00 %
3				Preisnachlassgruppe B	50,00 %
4				Preisnachlassgruppe C	70,00 %
5					
6	Artikel	alter Preis in €	Preisnachlassgruppe	Preisnachlass in €	neuer Preis in €
7	Jeans	99,95	A	29,99	
8	Schuhe	50,00	B	25,00	25,00
9	Jacke	169,00	C		50,70

a) Gib den neuen Preis in Zelle E7 und eine Formel an, mit der du diesen Wert berechnen kannst. ___ von 4

Wert in Zelle E7: ______________ Formel für Zelle E7: ______________

b) Kreuze an, mit welcher Formel der Preisnachlass in Zelle D9 ermittelt werden kann. ___ von 2

☐ =169,00 € * C9 ☐ =B9 * C9 ☐ =B9 * E4 ☐ =B9 * D9

Notenschlüssel

1	2	3	4	5	6
31–28	27–23	22–19	18–14	13–6	5–0

So lange habe ich gebraucht: ______________

So viele Punkte habe ich erreicht: ______________

Test 4

Inhalte: Addition, Subtraktion, Multiplikation und Division von Brüchen, kürzen

Zeitbedarf: 20 Minuten

1. Berechne. Kürze dabei so weit wie möglich.

a) $\frac{42}{49} \cdot \frac{28}{54} =$

b) $\frac{64}{81} : \frac{48}{54} =$

___ von

c) $3\frac{6}{13} \cdot \frac{39}{35} =$

d) $3\frac{3}{4} : 1\frac{1}{8} =$

___ von

2. Berechne die Terme. Benutze dazu die dir bekannten Rechenregeln.

a) $\frac{4}{5} - \frac{7}{6} : \frac{14}{8} =$

b) $\frac{4}{5} \cdot \left(\frac{2}{3} - \frac{1}{4}\right) =$

___ von

3. Multipliziere den Bruch $\frac{3}{8}$ mit einem weiteren Bruch, sodass das Produkt …

a) kleiner als ein Ganzes ist.

b) gleich ein Ganzes ist.

c) größer als ein Ganzes ist.

___ von

4. Martin soll folgende Aufgabe lösen:

„Multipliziere die Summe der Zahlen $\frac{1}{2}$ und $\frac{2}{3}$ mit der Differenz aus den Zahlen $\frac{2}{3}$ und $\frac{2}{7}$."

Martin hat den Term $\frac{1}{2} + \frac{2}{3} \cdot \frac{2}{3} - \frac{2}{7}$ aufgestellt und dabei einen Fehler gemacht.

a) Beschreibe, was Martin falsch gemacht hat.

___ von

b) Stelle den korrekten Term auf und berechne die Aufgabe.

___ von

Notenschlüssel

1	2	3	4	5	6
14–13	12–11	10–9	8–6	5–3	2–0

So lange habe ich gebraucht: ___

So viele Punkte habe ich erreicht: ___

Klassenarbeit 7

- Inhalte: Rechnen mit rationalen Zahlen, vergleichen und ordnen, Koordinatensystem
- Zeitbedarf: 45 Minuten

1. Fülle die Tabelle aus. Wenn es mehrere Möglichkeiten gibt, nenne alle möglichen Lösungen. ___ von 4

Zahl	$\frac{4}{5}$			
Betrag		7,2		
Gegenzahl			0	14,3

2. a) Beschrifte die folgende Zahlengerade korrekt. ___ von 1

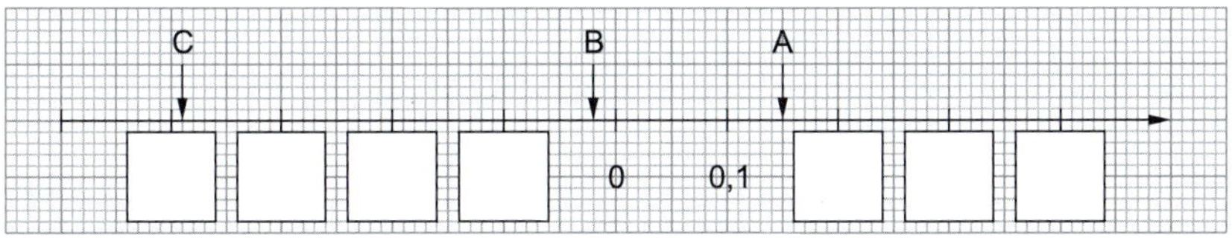

b) Pia hat die in der Tabelle aufgeführten Zahlen zu den markierten Stellen abgelesen. Kreuze an, welche Zahlen sie richtig abgelesen hat und welche nicht. Korrigiere die falschen Zahlen. ___ von 3

Buchstabe	von Pia abgelesene Zahl	richtig	falsch	Korrektur
A	0,15	☐	☐	
B	0,02	☐	☐	
C	−0,41	☐	☐	

c) Markiere folgende Zahlen auf der oben abgebildeten Zahlengeraden: $-0{,}13$ und $\frac{11}{25}$ ___ von 2

3. a) Nenne 4 rationale Zahlen, die zwischen –1 und 2 liegen. ___ von 1

____

b) Nenne 2 Zahlen, die kleiner sind als 5, deren Betrag jedoch größer als 5 ist. ___ von 1

____

c) Iris behauptet, dass –3,5 näher an –3 als an –4 liegt. Was sagst du dazu? ___ von 1

d) Welche Zahl liegt genau in der Mitte von … ___ von 3

–7 und 2? ______________________________

–4,8 und –2,2? ______________________________

5,7 und |–3,1|? ______________________________

4. Vergleiche die rationalen Zahlen. Setze >, < oder = ein. ___ vo

$-30{,}2$ [<] $-30{,}4$ $\qquad$ $0{,}0134$ [>] $-0{,}135$ $\qquad$ $-2\frac{1}{4}$ ☐ $-2{,}4$ $\qquad$ $|-3{,}2|$ ☐ $3{,}3$

5. Britta und Jörn spielen „Schiffe-Versenken“. Beide Spieler haben einen Spielplan in Form eines Koordinatenkreuzes vor sich, auf dem sie jeweils Schiffe versteckt haben. Hier siehst du Brittas Spielplan. Die dicken Balken stellen die von Britta versteckten Schiffe dar, die Jörn finden muss. Dazu raten sie abwechselnd Koordinaten. Ist ein Schiff getroffen, markieren sie dies mithilfe eines Kreises an der entsprechenden Stelle. Ist die Koordinate kein Treffer, setzen sie ein Kreuz (siehe Beispiele).

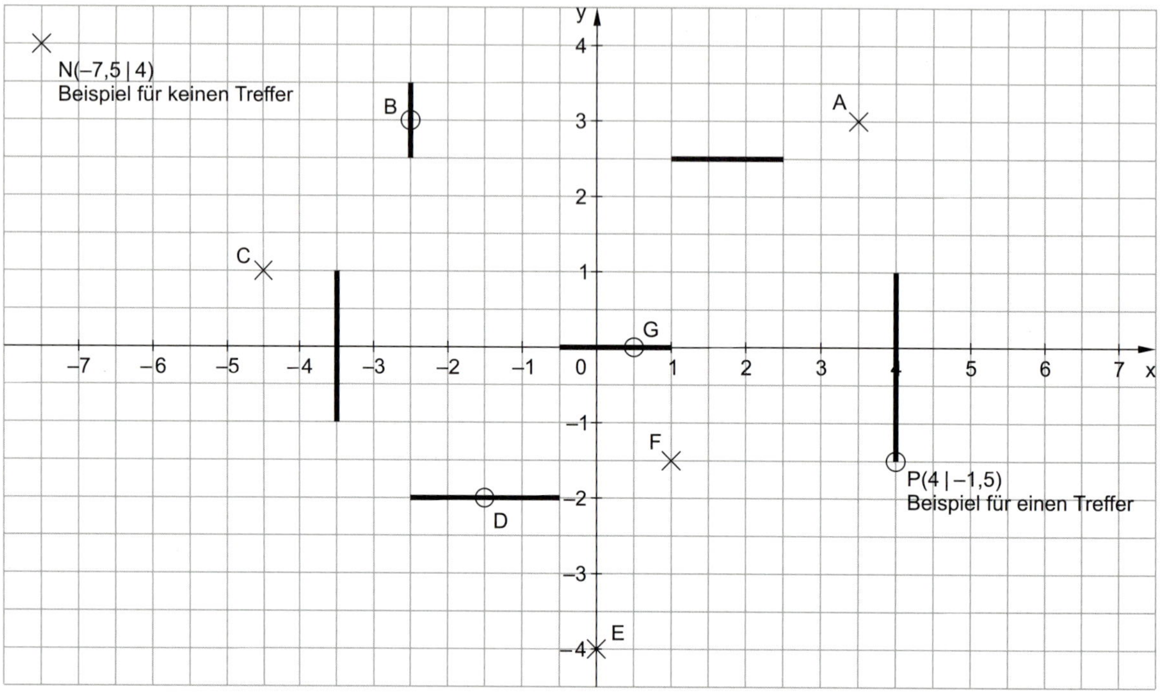

a) Notiere die Koordinaten der vier Punkte, die Jörn **falsch** geraten hat. ___ vo

____

b) Markiere und beschrifte bei vier verschiedenen Schiffen jeweils einen Punkt auf dem Gitter so, dass Jörn einen weiteren Treffer erzielt hätte. Gib die Koordinaten dieser vier Punkte an. ___ vo

____

c) Welche geometrische Figur entsteht, wenn du B, C, D, G und B der Reihe nach verbindest? ___ vo

Es entsteht ____

d) Halbiere die Strecke $\overline{CD}$ und zeichne die Mittelsenkrechte ein. Halbiere dann die Strecke $\overline{BC}$ und zeichne auch hier die Mittelsenkrechte. ___ vo

Die Mittelsenkrechten schneiden sich im Punkt S(________ | ________).

6. Beurteile jeweils, ob das Ergebnis positiv, negativ oder keines von beidem ist, und kreuze an. ___ vo

	positiv	negativ	weder noch		positiv	negativ	weder noch
$0{,}35:(-1)$	☐	☐	☐	$13+(-4)$	☐	☐	☐
$0:(-9)$	☐	☐	☐	$15-(-27)$	☐	☐	☐

7. Tina stellt mit den Zahlenkärtchen Subtraktionsaufgaben her, indem sie jeweils eine der 6 Zahlen links und rechts neben das Minuszeichen legt.
Beispiel: $12-(-4)$

a) Bilde einen Rechenausdruck, dessen Ergebnis möglichst groß ist. ___ von 1

____

b) Bilde einen Rechenausdruck, dessen Ergebnis möglichst klein ist. ___ von 1

____

c) Bilde einen Rechenausdruck, dessen Ergebnis negativ und möglichst groß ist. ___ von 1

____

8. Die Pfeile beschreiben Zustandsänderungen. Die Zahl links neben dem Pfeil ist der Ausgangszustand, die Zahl rechts beschreibt den Endzustand.
Fülle jeweils die Lücken aus.

a) $+4\ °C \xrightarrow{-6\ °C}$ ☐ $\qquad -0{,}5\ kg \xrightarrow{-0{,}25\ kg}$ ☐ ___ von 2

b) *„Der Wasserstand des Rheins ist um 2,56 m gesunken und hat jetzt eine Höhe von 4,62 m.“* ___ von 2

☐ $\xrightarrow{☐}$ ☐

c) *„Herr Bauer hatte 82 € auf seinem Sparkonto. Nach einem Einkauf hat er 112 € Schulden.“* ___ von 2

☐ $\xrightarrow{☐}$ ☐

Platz für Berechnungen:

9. Vereinfache, wenn möglich, zunächst die Schreibweise. Berechne dann das Ergebnis.

a) $-12{,}2-(-4{,}7)$ $\qquad$ b) $-0{,}125:0{,}5$ ___ von 2

c) $7\frac{3}{5}-\left(+2\frac{1}{3}\right)$ $\qquad$ d) $-\frac{2}{7}:\left(\frac{16}{42}\right)$ ___ von 2

Notenschlüssel

1	2	3	4	5	6
45–41	40–36	35–29	28–22	21–11	10–0

So lange habe ich gebraucht: ______________

So viele Punkte habe ich erreicht: ______________

Klassenarbeit 8

Inhalte: Rechnen mit rationalen Zahlen, Verbindungs- und Vertauschungsgesetz, Distributivgesetz
Zeitbedarf: 45 Minuten

1. Beurteile die Aussagen und kreuze an. Gib für falsche Aussagen ein Gegenbeispiel an. ___ vo

	wahr	falsch
a) Dividiert man eine Zahl durch (–1), erhält man ihre Gegenzahl.	☐	☐
b) Jeder Bruch ist eine rationale Zahl.	☐	☐
c) Dividiert man Null durch eine negative Zahl, ist das Ergebnis immer negativ.	☐	☐
d) Der Kehrwert einer negativen Zahl ist stets positiv.	☐	☐

Platz für die Gegenbeispiele:

2. Betrachte folgende Aufgaben und kreuze hinter den Zeilen an, welches Gesetz genutzt wurde. ___ vo

	Vertauschungsgesetz	Verbindungsgesetz
$-17+3{,}5+(-2{,}5)+6=-17+(-2{,}5)+3{,}5+6$	☐	☐
$=[-17+(-2{,}5)]+(3{,}5+6)$	☐	☐
$(-8)\cdot 12\cdot(-5)=12\cdot(-8)\cdot(-5)$	☐	☐
$=12\cdot[(-8)\cdot(-5)]$	☐	☐
$[3\cdot(-6)]\cdot 5\cdot(-2)=3\cdot[(-6)\cdot 5]\cdot(-2)$	☐	☐
$=3\cdot(-2)\cdot[(-6)\cdot 5]$	☐	☐

3. Berechne die Aufgaben vorteilhaft, indem du Vertauschungs- oder Verbindungsgesetz nutzt.

a) $25\cdot(-0{,}5)\cdot 36\cdot(-4)$ ___ vo

b) $513-74+37-50+4$ ___ vo

4. Wende bei den folgenden Rechenausdrücken das Distributivgesetz an.

a) $(a-b)\cdot c=$ ______________ **b)** $a\cdot c+a\cdot b=$ ______________ ___ vo

5. Nutze zur Berechnung der Aufgaben das Distributivgesetz.

a) $-22{,}5 \cdot 5 - 17{,}5 \cdot 5$ ___ von 2

b) $\left(-\frac{3}{4} + 0{,}2\right) \cdot 12$ ___ von 2

c) $\left[\frac{5}{6} + \left(-\frac{2}{5}\right)\right] : \frac{5}{12}$ ___ von 2

6. Berechne die Terme. Benutze dabei die dir bekannten Rechenregeln.

a) $-144{,}3 + 0{,}3 \cdot 21 - 8{,}8 : (-0{,}2)$

b) $[13{,}3 + (-2{,}3)] \cdot (-4) + (-7{,}5 : 5)$ ___ von 4

7. Stelle zu folgender Rechengeschichte den Term auf und berechne seinen Wert. ___ von 3

„Multipliziere die Differenz von 84,7 und (–15,3) mit dem Quotienten aus 64,8 und $\left(-\frac{3}{4}\right)$*."*

8. Karin ist in folgender Rechnung ein Fehler unterlaufen:

$$7 - 2 \cdot \left(\frac{3}{16} - 0{,}5\right) = 7 - 2 \cdot \frac{3}{16} - 2 \cdot 0{,}5 = 7 - \frac{3}{8} - 1 = 6 - \frac{3}{8} = 5\frac{5}{8}$$

a) Unterstreiche die Stelle, an der der Fehler passiert ist. Beschreibe, was Karin falsch gemacht hat. ___ von 2

b) Berechne den Term ab der Stelle richtig weiter, an der Karin der Fehler unterlaufen ist. ___ von 2

c) Beschreibe den Term $7 - 2 \cdot \left(\frac{3}{16} - 0{,}5\right)$ in Worten. Nutze dazu die mathematischen Fachwörter. ___ vo

____

____

____

9. Frau Rose hat 325,76 € auf dem Konto. Sie bekommt 2 871,34 € Gehalt und bezahlt die Rechnungen für Miete (840,27 €), Versicherungen (420 €) und Auto (101,17 €). Für jeden der drei Sportvereine ihrer Kinder muss sie 4,95 € überweisen. Ein Flohmarktverkauf bringt ihr 207,87 € ein.

a) Übertrage die fehlenden Buchungsbeträge auf den Kontoauszug. ___ vo

Beachte: Auf den Kontoauszügen wird hinter Einzahlungen ein H („Haben") und hinter Auszahlungen/Schulden ein S („Soll") notiert.

Muster-Bank	Kontostand vom 01. 05. 14	**325,76 € H**
Muster-Bank Friheim Konto-Nr. 10237482	BLZ 490 800 12	Kontoauszug 4 Blatt 1
Datum	**Buchungsangabe**	**Betrag in €**
03. 05. 14	Gehalt	€
04. 05. 14	Rechnung Wohnung	€
04. 05. 14	Rechnung Versicherungen	€
04. 05. 14	Rechnung Auto	€
05. 05. 14	Fußballverein Tim	€
05. 05. 14	Schwimmverein Eva	€
05. 05. 14	Turnverein Jan	€
10. 05. 14	Flohmarkteinnahmen	€
	Kontostand am 10. 05. 14; 17:34 Uhr	**€**

b) Berechne den aktuellen Kontostand von Frau Rose. Notiere die Lösung auf dem Kontoauszug. ___ vo

Notenschlüssel

1	2	3	4	5	6
37–34	33–29	28–24	23–18	17–9	8–0

So lange habe ich gebraucht: ______________

So viele Punkte habe ich erreicht: ______________

Test 5

- Inhalte: einfache Terme aufstellen und berechnen
- Zeitbedarf: 20 Minuten

1. a) Betrachte die Situationen und die gegebenen Terme.
Welche Situation gehört zu welchem Term? Ordne den Situationen die sie beschreibenden Terme mithilfe der Buchstaben zu. ___ von 4

Situation	Buchstabe
Formel des Umfangs eines Rechtecks	
Dividiere eine Zahl durch 2 und addiere 4.	
Paul ist 4 cm weiter als Emil gesprungen.	
Formel des Flächeninhalts eines Dreiecks	
Von der 2-fachen Länge 4 m abziehen	
Sina schneidet ihre Pizza in 13 Teile.	
Rolf wiegt 4 kg mehr als das doppelte Gewicht seines Sohnes.	
Umfang folgender Figur: 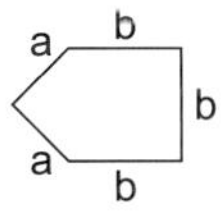	

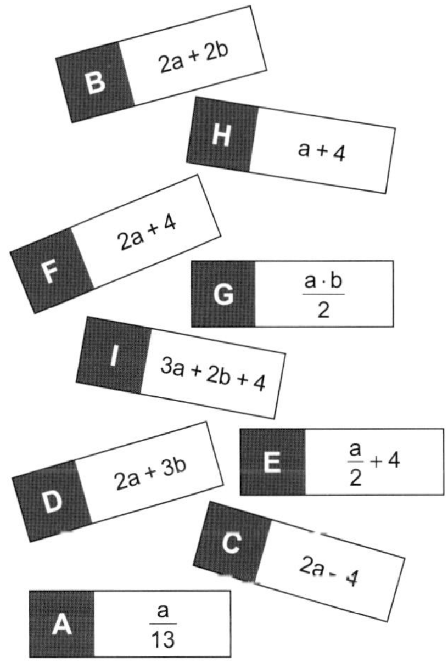

b) Schreibe eine Geschichte zu dem Term, der in Teilaufgabe a übrig geblieben ist. ___ von 1

2. Berechne die Werte für die Terme. ___ von 3

x	0	−1	2
$2{,}6 \cdot x - 1$			
$(x + 2) \cdot 4$			

3. Welche natürlichen Zahlen kannst du für x und y einsetzen, sodass der Wert des Terms $3 \cdot x + 4 \cdot y$ genau 50 ergibt? Finde zwei Beispiele und zeige jeweils mithilfe einer Rechnung, dass du recht hast.

1. Beispiel: x = ___ ; y = ___

2. Beispiel: x = ___ ; y = ___

4. Tina, Steffi und Elias besuchen zusammen das Maisfeldlabyrinth eines Münsteraner Bauernhofes. Um die im Labyrinth zurückgelegten Wege zu beschreiben, werden folgende Abkürzungen genutzt:

- *2n* bedeutet: 2 Schritte nach *Norden*
- *9o* bedeutet: 9 Schritte nach *Osten*
- *6s* bedeutet: 6 Schritte nach *Süden*
- *7w* bedeutet: 7 Schritte nach *Westen*

Der Term $3n + 1s + 2n$ bedeutet also:
„Gehe 3 Schritte nach Norden, dann 1 Schritt nach Süden und anschließend wieder 2 Schritte nach Norden."

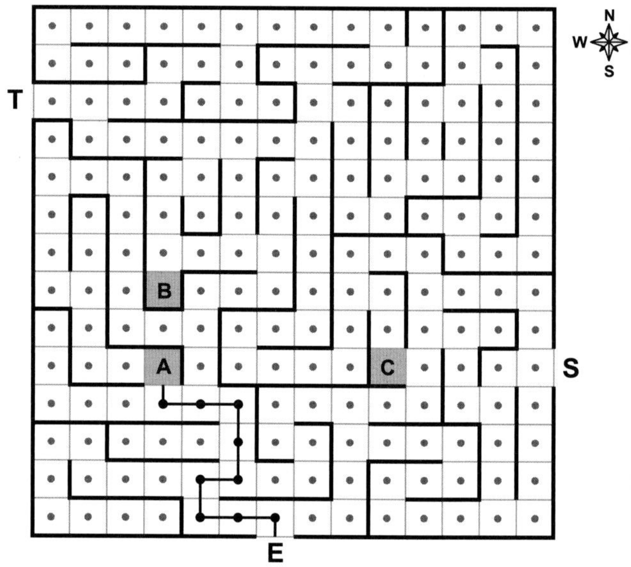

a) Tina geht von ihrem Startpunkt T aus den folgenden Weg durch das Labyrinth:
$2o + 1s + 4o + 3s + 2w + 1s$.
Markiere die Stelle, die sie im Labyrinth erreicht, mithilfe eines Kreuzes.

b) Beschreibe den eingezeichneten Weg, den Elias von seinem Startpunkt E aus bis zum Punkt A zurücklegt, Schritt für Schritt mithilfe eines Terms.
Fasse anschließend den Term so weit wie möglich zusammen, sodass man sofort sieht, wie viele Schritte Elias insgesamt in jede der vier Himmelsrichtungen gegangen ist.

c) Zeichne einen Weg ein, über den Steffi von ihrem Startpunkt S aus möglichst schnell zum Punkt C gelangt. Beschreibe den eingezeichneten Weg mithilfe eines Terms, der angibt, wie viele Schritte sie in jede Himmelsrichtung gegangen ist. Fasse ihn so weit wie möglich zusammen.

Notenschlüssel

1	2	3	4	5	6
17–16	15–14	13–11	10–8	7–4	3–0

So lange habe ich gebraucht: ____________

So viele Punkte habe ich erreicht: ____________

Klassenarbeit 9

- Inhalte: Rechnen mit Termen, Terme aufstellen
- Zeitbedarf: 45 Minuten

1. Beurteile, ob die Terme richtig vereinfacht wurden, und kreuze an. Korrigiere die falschen Terme. ___ von 5

Term	richtig	falsch	Korrektur
$3a-2a+5a=6a$			
$(15c\cdot d):5=3cd$			
$m\cdot n\cdot n\cdot m\cdot m=3m\cdot 2n$			
$7x^3\cdot 2x=14x^4$			
$7v^2x\cdot(-2)vx^3\cdot 0{,}5v=7v^4x^4$			

2. Von einem Rechteck sind zwei der Angaben *Länge, Breite, Flächeninhalt und Umfang* gegeben. Berechne jeweils die gesuchte Größe und fasse so weit wie möglich zusammen.

a) Berechne den Flächeninhalt des Rechtecks, wenn gilt: Länge $=a$; Breite $=3b$ ___ von 1

b) Berechne die Breite des Rechtecks, wenn gilt: Länge $=4a$; Flächeninhalt $=20ab$ ___ von 1

c) Berechne die Länge des Rechtecks, wenn gilt: Breite $=2a$; Umfang $=4a+14b$ ___ von 1

3. Notiere die angegebenen Terme ohne Klammern und fasse sie so weit wie möglich zusammen.

a) $(4a-5)\cdot 2b=$ ______________________ ___ von 1

b) $7{,}2x-(-3y+2{,}5z-1{,}8x)=$ ______________________ ___ von 2

c) $(-12s+21):\left(-\frac{3}{4}\right)=$ ______________________ ___ von 2

4. Klammere jeweils den größtmöglichen gemeinsamen Faktor aus.

a) $6cd-8=$ ______________________ ___ von 1

b) $-36x^2y+48xy^2=$ ______________________ ___ von 1

5. Fülle jeweils die Lücken so aus, dass wahre Aussagen entstehen.

a) $-6ab + 10a^2 = \square \cdot (-3b + 5a)$ **b)** $-12xy + \square = \square \cdot (4y - z)$ ___ vo

6. Stelle zu den folgenden Situationen jeweils einen Term auf.

a) *„Bei Pizza Puma kostet jede Pizza 5,80 € und jedes Getränk 2,50 €."* ___ vo

____

b) *„Katja bestellt sich im Internet DVDs. Sie zahlt 9,95 € pro DVD plus 4 € Versand."* ___ vo

____

c) *„Tom ist doppelt so alt wie Uli, der 4 Jahre jünger als Lea ist. Lea ist x Jahre alt. Wie alt ist Tom?"* ___ vo

____

7. Eine Kinokarte kostet für Erwachsene 6,50 € und für Kinder 4 €.

a) Stelle einen Term auf, mit dem man die Eintrittskosten für einen Kinobesuch berechnen kann, und berechne dann damit den Preis für 1 Erwachsenen und 2 Kinder. ___ vo

____

____

b) Mama Klein, Papa Klein, Mia, Jack und Max gehen am Wochenende ins Kino. Jedes Kind isst für 2,95 € Popcorn, jeder Erwachsene trinkt eine Limo für 1,95 €. Herr Klein hat 50 € dabei. Max stellt erfreut fest: *„Super, vom Restgeld können wir für jeden ein Eis für 2,50 € kaufen!"* Was sagst du dazu? Begründe deine Meinung mithilfe einer Rechnung. ___ vo

8. Lisa hat bei ihrem Handyanbieter die Wahl zwischen den folgenden Tarifen.

Telefontarife von TelFun

	Grundgebühr pro Monat	Gesprächsminuten von zu Hause	Gesprächsminuten von unterwegs
Tarif S	2,50 €	0,15 €	0,19 €
Tarif M	5,00 €	0,09 €	0,09 €

a) Notiere für jeden Tarif einen Term, mit dem Lisa die Kosten eines Monats berechnen kann. ___ vo

Tarif S: ______________________________

Tarif M: ______________________________

b) Lisa behauptet: *„Da ich meistens nur etwa 15 Minuten zu Hause und 15 Minuten unterwegs telefoniere, ist für mich Tarif S günstiger."*
Fülle die Tabelle aus. Berechne dazu jeweils die Gesamtkosten eines Monats. ___ von 4

	Gesprächsminuten von zu Hause	Gesprächsminuten von unterwegs	Gesamtkosten im Monat
Tarif S	15	15	
Tarif M	15	15	
Tarif S	16	16	
Tarif M	16	16	

c) Bei welchem Telefonierverhalten sollte Lisa Tarif S und bei welchem Tarif M wählen? ___ von 2

d) Lisa sieht in der Stadt die rechts dargestellten Handytarife des Konkurrenten TeleFlitz. ___ von 3

Welche Grundgebühr haben die beiden Tarife?

Tarif S: ______________ €

Tarif M: ______________ €

Lisa stellt überrascht fest: *„Sobald ich mehr als 21 Minuten telefoniere, ist Tarif M günstiger."*
Was meinst du dazu?

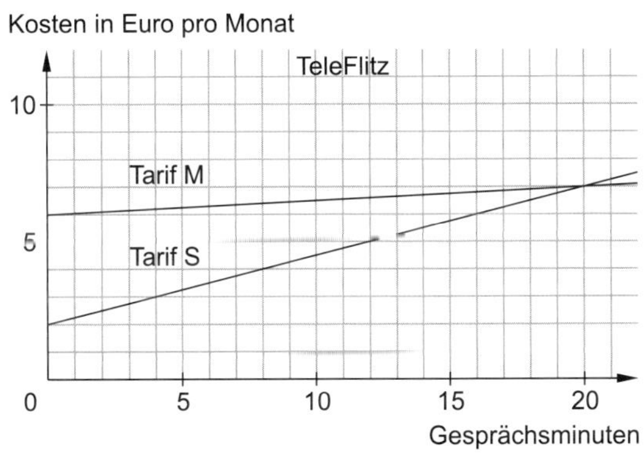

e) Berechne, wie viel eine Gesprächsminute bei Tarif S des Konkurrenten TeleFlitz kostet. ___ von 1

Notenschlüssel

1	2	3	4	5	6
37–34	33–29	28–24	23–18	17–9	8–0

So lange habe ich gebraucht: ______________

So viele Punkte habe ich erreicht: ______________

Klassenarbeit 10

- Inhalte: Gleichungen aufstellen und lösen, Äquivalenzumformungen
- Zeitbedarf: 45 Minuten

1. Prüfe durch Einsetzen der möglichen Lösung und Zusammenfassen der Gleichungsseiten, ob die zu jeder Gleichung angegebene Lösungsmenge $\mathbb{L}$ die Gleichung löst oder nicht.

a) $3x - 5 = 12;\quad \mathbb{L} = \{4\}$

b) $-2x + 3 = 8 + 3x;\quad \mathbb{L} = \{1\}$ ___ vo

c) $3x + \frac{3}{5} = \frac{6}{10};\quad \mathbb{L} = \{0\}$

d) $8x - 2 = -18{,}1 + x;\quad \mathbb{L} = \{-2{,}3\}$ ___ vo

2. Setze in die Kästchen Zahlen so ein, dass die angegebene Lösungsmenge stimmt.

a) $5 + \square \cdot x = 7 + 3x;\quad \mathbb{L} = \{-2\}$

b) $-\square \cdot x + 11 = 8 - 12x;\quad \mathbb{L} = \left\{\frac{1}{3}\right\}$ ___ vo

3. Stelle für die beschriebenen oder dargestellten Situationen jeweils eine Gleichung auf, die sie beschreibt.

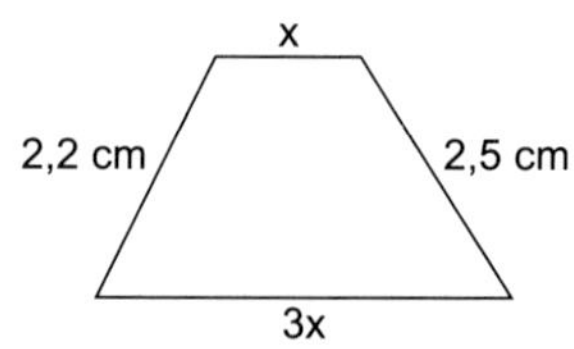

a) Der Umfang des nebenstehenden Vierecks beträgt $u = 9{,}5$ cm.

______________________________ ___ vo

b) Ein DVD-Player und eine DVD kosten zusammen 52,90 €. Die DVD ist 27 € günstiger als der Player. ___ vo

____

c) Tinas Telefonrechnung beträgt 35,54 €. Für den Grundtarif von 26,99 € kann sie so viel ins Festnetz telefonieren und im Internet surfen, wie sie will. Für Anrufe auf Handys zahlt sie 0,19 €/min extra. ___ von 1

d) Lea wiegt halb so viel wie ihr Bruder Tim. Tim ist 26-mal so schwer wie Leas Kaninchen Paul. Lea, Tim und Paul wiegen zusammen 129 kg. x sei das Gewicht von Kaninchen Paul. ___ von 1

4. Notiere **ausführlich** im daneben stehenden Kasten zu jeder Zeile, was rechnerisch gemacht wurde. ___ von 3

$$\frac{3}{4}-\left(v-\frac{1}{8}\right)=\left(-\frac{1}{4}v+0{,}5\right)\cdot(-14)$$

$$\frac{3}{4}-v+\frac{1}{8}=3\frac{1}{2}v-7$$

$$\frac{7}{8}-v=3\frac{1}{2}v-7$$

$$7\frac{7}{8}-v=3\frac{1}{2}v$$

$$7\frac{7}{8}=4\frac{1}{2}v$$

$$63=36v$$

$$1{,}75=v$$

5. Löse die Gleichungen mithilfe von Äquivalenzumformungen.

a) $2{,}6-2x=6$

b) $9+\frac{3}{8}x=-3$ ___ von 2

c) $5{,}2+8x=4x-1{,}8$

d) $-2\cdot(3x-4)=-(-4{,}3+5x)-5x-4{,}3$ ___ von 4

6. Mark hat die nebenstehende Rechnung gemacht. Dabei ist ihm ein Fehler unterlaufen.

$$\frac{1}{6} - \left(-7{,}5x + \frac{2}{3}\right) = \left(-35{,}5x + \frac{25}{4}\right) : (-5)$$

$$\frac{1}{6} + 7{,}5x - \frac{2}{3} = 7{,}1x - \frac{5}{4}$$

$$-\frac{1}{2} + 7{,}5x = 7{,}1x - \frac{5}{4}$$

$$-1\frac{3}{4} + 7{,}5x = 7{,}1x$$

$$-1\frac{3}{4} = -0{,}4x$$

$$4{,}375 = x$$

a) Unterstreiche die Stelle, an der Mark der Fehler passiert ist, und beschreibe, was er falsch gemacht hat. ___ vo

____

____

____

____

b) Löse die Gleichung ab der Stelle richtig weiter, an der Mark der Fehler unterlaufen ist. ___ vo

7. a) Paula und Kai streiten sich über die Lösung der Gleichung $4x - 25 = 4x - 23$. ___ vo
Paula behauptet: *„Ganz klar, die Lösung lautet $x = 0$."*
Kai hingegen meint: *„Stimmt ja gar nicht. Diese Gleichung hat gar keine Lösung."*
Wer von beiden hat recht? Löse dazu die Gleichung mithilfe einer Rechnung.

b) Tim behauptet: *„Die Gleichung $-\frac{6}{8}x + 15{,}6 = -\frac{3}{4}x + 15\frac{3}{5}$ hat unendlich viele Lösungen."* ___ vo
Zeige mithilfe einer Rechnung, dass Tim recht hat.

8. a) Damit das Mobile genau parallel zum Boden hängt, müssen beide Seiten gleich schwer sein. ___ vo
Notiere eine Gleichung dafür, dass das Mobile im Gleichgewicht hängt.
Nutze zur Darstellung des Gewichtes von einem Dreieck die Variable d und für die Darstellung des Gewichtes von einem Kreis die Variable k.

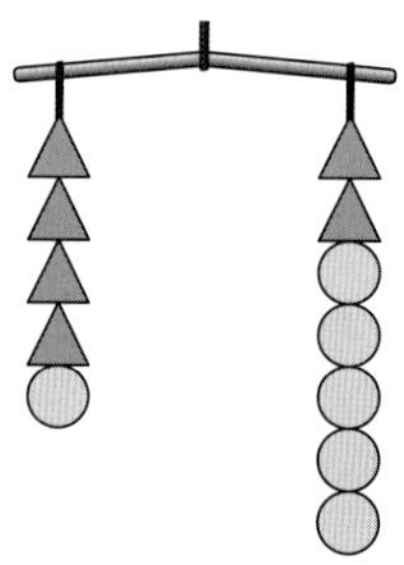

____

b) Ein anderes Mobile wird durch die Gleichung $6k + 5d = 8d + 2k$ beschrieben. Dabei wiegt ein Kreis 2,4 g.
Stelle das Mobile in nebenstehender Zeichnung dar und berechne anschließend das Gewicht eines Dreiecks. Ersetze dazu die entsprechende Variable in der Gleichung.

___ von 2

9. Leo fliegt mit der Fluggesellschaft „Fliege-Fix" in den Urlaub. Bei der Gepäckaufgabe muss er für seinen Koffer eine Pauschale von 4 € zahlen. Für jedes Kilogramm Gepäck zahlt er 0,25 €.

a) Stelle einen Term auf, mit dem man den Preis für das Koffergewicht berechnen kann. ___ von 1

____

b) Berechne, wie schwer Leos Koffer ist, wenn er 7,60 € zahlt. Nutze den Term aus Teilaufgabe a. ___ von 2

Der Gepäckpreis bei der Fluggesellschaft „Nix-wie-weg" wird mit dem Term 0,50x beschrieben.

c) Übersetze den Term 0,50x in eine Werbeaussage, die beschreibt, wie sich der Preis für das Reisegepäck bei „Nix-wie-weg" berechnet. ___ von 1

____

____

d) Berechne in der Tabelle die Werte für den Term 0,50x. Trage die berechneten Werte anschließend in das nebenstehende Koordinatensystem ein und zeichne den Grafen, der die Preise für das Reisegepäck der Fluggesellschaft „Nix-wie-weg" darstellt, zum abgebildeten Grafen der Fluggesellschaft „Fliege-Fix". ___ von 2

Gewicht in kg	0	10	20
Preis in €			

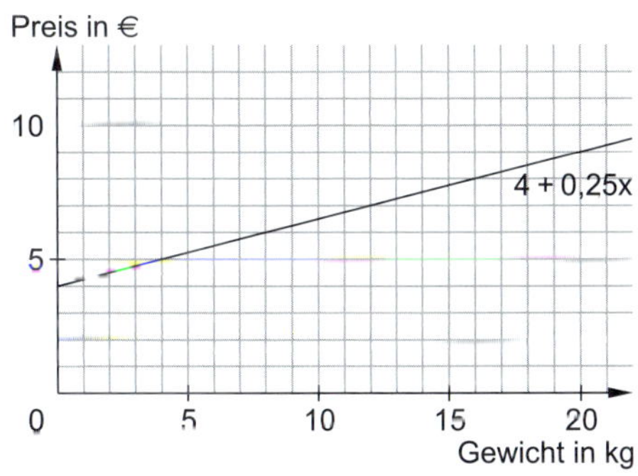

e) Bis zu welchem Gewicht ist es günstiger, mit der Fluggesellschaft „Nix-wie-weg" zu reisen? ___ von 1

____

____

Notenschlüssel

1	2	3	4	5	6
37–34	33–29	28–24	23–18	17–9	8–0

So lange habe ich gebraucht: ______________

So viele Punkte habe ich erreicht: ______________

Test 6

- Inhalte: absolute und relative Häufigkeit, Zufallsversuche, Wahrscheinlichkeiten
- Zeitbedarf: 20 Minuten

1. Prüfe folgende Aussagen und kreuze an. ___ v

	richtig	falsch	keine Aussage möglich
Es ist Zufall, dass Paul beim Armdrücken gewinnt.	☐	☐	☐
Wenn ein Würfel 20-mal geworfen wird und dabei 5-mal die Zahl 2 fällt, dann ist 5 die relative Häufigkeit der Zahl 2.	☐	☐	☐
Die relative Häufigkeit wird stets in Bruchschreibweise angegeben.	☐	☐	☐
Bei langen Versuchsreihen entspricht die relative Häufigkeit eines Ergebnisses ungefähr dessen Wahrscheinlichkeit.	☐	☐	☐

2. Louis hat einen Flaschendeckel 150-mal geworfen. Fülle die Tabelle aus. ___ vo

absolute Häufigkeit	27		
relative Häufigkeit		$\frac{78}{150} = 0,52$	
relative Häufigkeit in %			30 %

3. a) Wie groß ist die Wahrscheinlichkeit in %, bei dem rechts abgebildeten Glücksrad eine 1 bzw. eine 2 bzw. eine 3 zu drehen? ___ vo

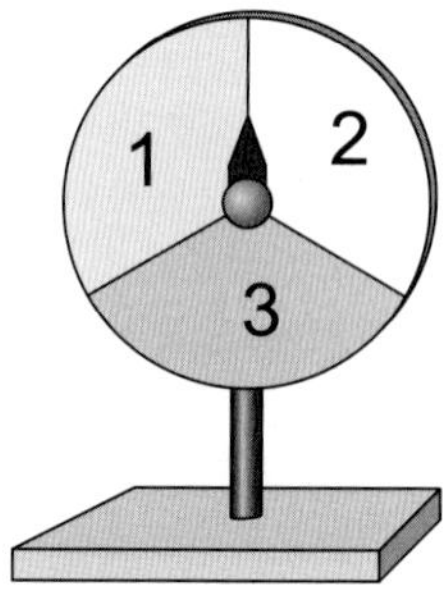

b) Leon hat eine Versuchsreihe mit dem Glücksrad durchgeführt und in die Tabelle eingetragen. Bestimme die relativen Häufigkeiten in % und runde dabei auf eine Stelle nach dem Komma. ___ vo

	1	2	3
absolute Häufigkeit	9	12	18
relative Häufigkeit in %			

c) Verwundert stellt Leon fest: *„Irgendetwas stimmt nicht. Wenn ich alle relativen Häufigkeiten addiere, ergibt sich nicht 100 %, sondern 100,1 %."* Leons Ergebnisse sind jedoch alle richtig. Wie kannst du dir das erklären? ___ von 1

d) Stelle Leons Ergebnisse in folgendem Streifendiagramm dar. Runde dazu sinnvoll. ___ von 2

e) Erkläre, wieso es zwischen den in Teilaufgabe a berechneten Wahrscheinlichkeiten und den im Experiment ermittelten relativen Häufigkeiten aus Teilaufgabe b Abweichungen gibt. ___ von 1

4. Die folgende Messreihe wurde mit einem Sechs-Flächen-Körper erzeugt, dessen Flächen mit den Zahlen von 1 bis 6 beschriftet sind.

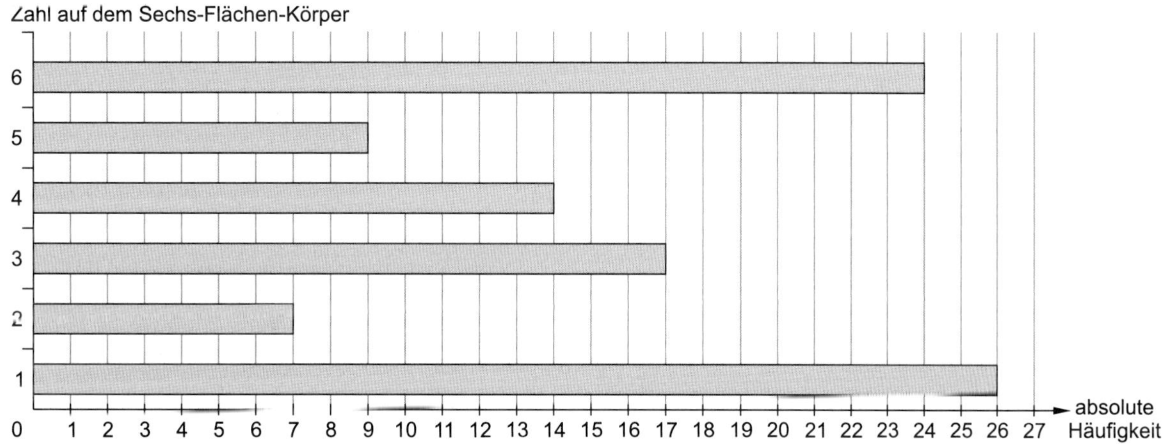

a) Entnimm dem Diagramm, wie oft der Körper auf welche Seite gefallen ist. ___ von 1

Zahl auf dem Sechs-Flächen-Körper	1	2	3	4	5	6
Anzahl der Würfe						

b) Schätze ab, welche Flächen gleich groß sein könnten. ___ von 1

Fläche 1 ist etwa so groß wie Fläche ___.

Fläche ___ ist etwa so groß wie Fläche ___.

Fläche ___ ist etwa so groß wie Fläche ___.

Notenschlüssel

1	2	3	4	5	6
20–19	18–16	15–13	12–10	9–5	4–0

So lange habe ich gebraucht: ____________

So viele Punkte habe ich erreicht: ____________

Klassenarbeit 11

Inhalte: Zufallsversuche und Wahrscheinlichkeiten

Zeitbedarf: 45 Minuten

1. Betrachte die folgenden Zufallsgeräte.

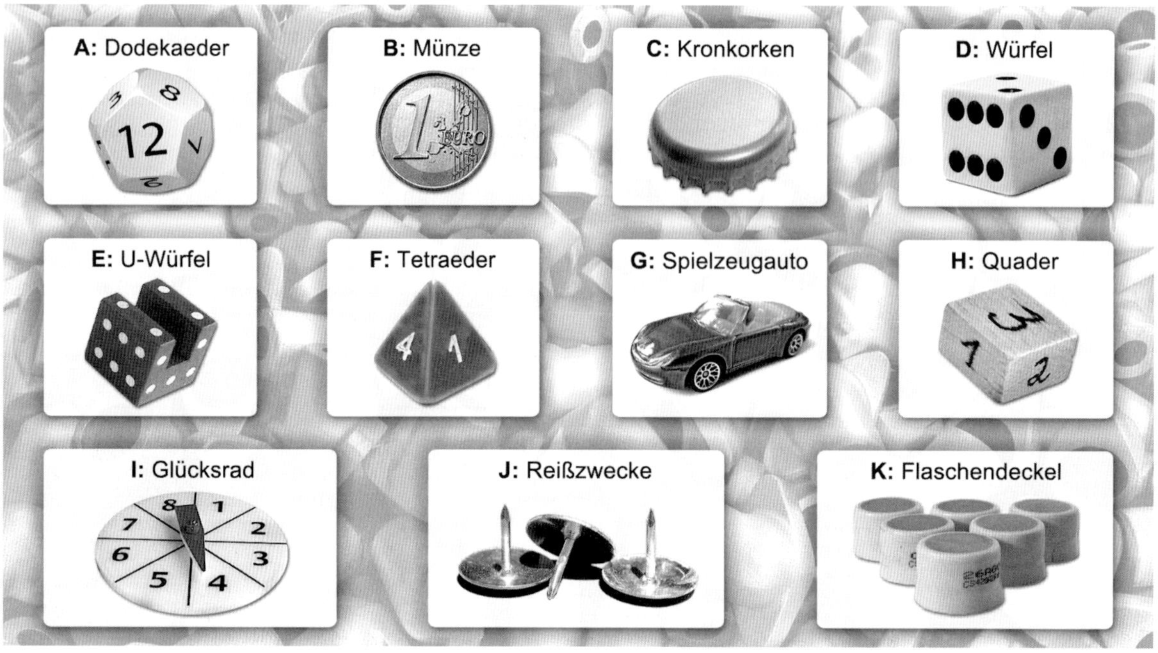

a) Gib die Buchstaben dreier Zufallsgeräte an, bei denen alle Ergebnisse gleich wahrscheinlich sind. ___ v

b) Lana, Jonas, Emin und Ina wollen sich zu einem DVD-Abend treffen. ___ v
Wähle ein Zufallsgerät, mit dem sie ermitteln können, wer die DVD aussuchen darf. Begründe.

c) Der Dodekaeder ist ein Zwölf-Flächen-Würfel. ___ v
Berechne die Wahrscheinlichkeit in %, mit dem Dodekaeder eine 5 zu werfen.

d) Ist es wahrscheinlicher, mit dem U-Würfel oder mit dem normalen Würfel eine 3 zu werfen? ___ v

e) Färbe das Glücksrad so, dass $\frac{1}{4}$ der Felder blau, 37,5 % rot und der Rest der Felder weiß ist. ___ von 2

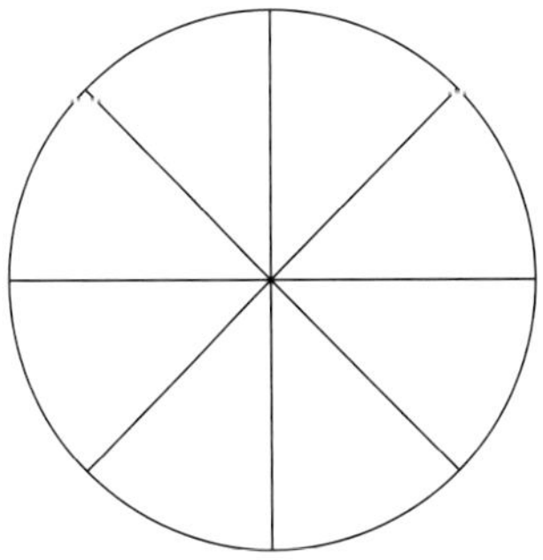

f) Linus erzählt: „*Beim Fußballtraining haben wir mit einem Kronkorken entschieden, wer beginnt. Landete er auf dem Rücken, bekam mein Team den Ball, ansonsten bekam ihn das andere Team.*“ ___ von 1
Was meinst du zu dieser Regelung?

2. a) Betrachte das nebenstehende Säckchen und die zugehörigen Kugeln. Nenne alle möglichen Ergebnisse für das Ziehen einer der Kugeln. ___ von 1

Ergebnismenge S = { ______________________ }

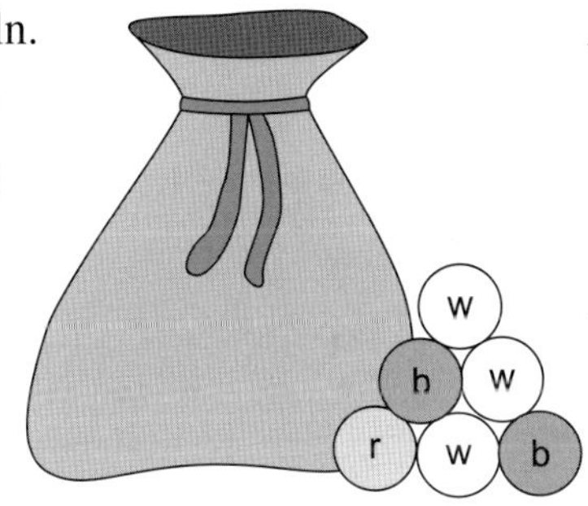

b) Die Kugeln werden in das Säckchen gelegt und nacheinander eine blaue und eine weiße Kugel gezogen und zur Seite gelegt. Wie groß ist die Wahrscheinlichkeit in %, beim nächsten Versuch die rote Kugel zu ziehen? ___ von 1

3. Ute wirft 2 Tetraeder mit den Ziffern von 1 bis 4 gleichzeitig.

a) Bestimme die Menge S aller möglichen Ergebnisse. ___ von 1

S = { ______________________ }

b) Wie groß ist die Wahrscheinlichkeit in %, dass beide Tetraeder eine gerade Zahl zeigen? ___ von 2

c) Wie oft erwartest du die Zahl 2, wenn ein Tetraeder 120-mal geworfen wird? ___ von 1

4. Beim Roulette wird eine Kugel in eine Drehscheibe mit den Ziffern von 0 bis 36 gegeben. Jede Ziffer ist entweder Rot, Schwarz oder Grün.

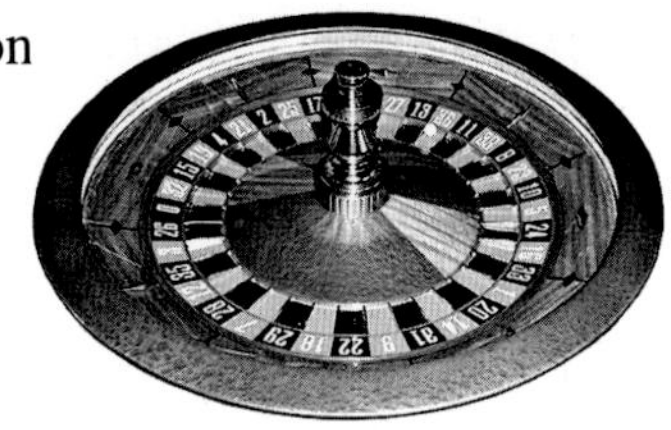

a) Gib folgende Wahrscheinlichkeiten in Bruchschreibweise an:

P(eine bestimmte Zahl gewinnt) = ______________________

P(eine gerade Zahl gewinnt) = ______________________

P(eine der Zahlen von 24 bis 36 gewinnt) = ______________________

b) Erfinde zwei weitere Wettmöglichkeiten, die keine Gegenereignisse zur Teilaufgabe a sind, und bestimme ihre Wahrscheinlichkeiten als Bruchzahl.

c) Nimm zu Kims Theorie Stellung: „*Wenn 12-mal eine rote Zahl gedreht wurde, wird mit einer größeren Wahrscheinlichkeit beim nächsten Mal eine schwarze als eine rote Zahl kommen.*“

5. Lisa, Max und Lorenz haben jeder mit einem der Zufallsgeräte eine Versuchsreihe durchgeführt. Bei jedem der Zufallsgeräte ist die Summe der Zahlen auf den gegenüberliegenden Flächen stets 7.

Zufallsgerät A:

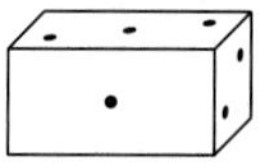

Zufallsgerät B:

Zufallsgerät C:

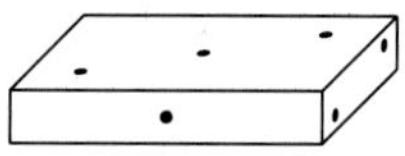

Ihre Ergebnisse haben Lisa, Max und Lorenz in folgender Tabelle festgehalten:

	1	2	3	4	5	6
Lisa	75	35	130	140	40	80
Max	86	39	89	91	45	87
Lorenz	120	120	126	131	127	122

a) Mit welchem Zufallsgerät wird Max seine Versuchsreihe durchgeführt haben? Begründe.

b) Bestimme die relativen Häufigkeiten für Lisas Versuchsreihe.

Lisa	1	2	3	4	5	6
absolute Häufigkeit	75	35	130	140	40	80
relative Häufigkeit in %						

___ von 3

c) Stelle die berechneten Werte aus Teilaufgabe b in einem Säulendiagramm dar. ___ von 3

d) Beschreibe einen Zufallsversuch oder ein Zufallsgerät mit folgenden Bedingungen: ___ von 1
„Es gibt 6 verschiedene Ergebnisse und 4 verschiedene Wahrscheinlichkeiten. Unter den Ergebnissen gibt es zwei Paare von Ergebnissen, die jeweils dieselbe Wahrscheinlichkeit haben."

6. Jan macht mit Nick ein Spiel. Er legt 8 Kugeln in den Farben rot und blau in einen Beutel und lässt Nick 20-mal daraus ziehen. Nach jeder Ziehung legt er die Kugel in den Beutel zurück und notiert das Ergebnis. Am Ende muss Nick tippen, wie viele rote und wie viele blaue Kugeln im Beutel sind.

a) Bestimme die Farbverteilung, auf die Nick tippen sollte, wenn er 12-mal rot und 8-mal blau zieht. ___ von 2

b) Wie oft muss man ziehen, um die Farbverteilung möglichst gut schätzen zu können? Begründe. von 2

☐ 25 ☐ 75 ☐ 100 ☐ 1 000

Notenschlüssel

1	2	3	4	5	6
33–30	29–26	25–21	20–16	15–8	7–0

So lange habe ich gebraucht: ____________

So viele Punkte habe ich erreicht: ____________

Klassenarbeit 12

Inhalte: Daten erfassen, auswerten und darstellen, Spannweite, Zentralwert, arithmetisches Mittel
Zeitbedarf: 45 Minuten

1. Die Klasse 7d hat die Ergebnisse ihres Hochsprungwettbewerbs an der Tafel festgehalten:

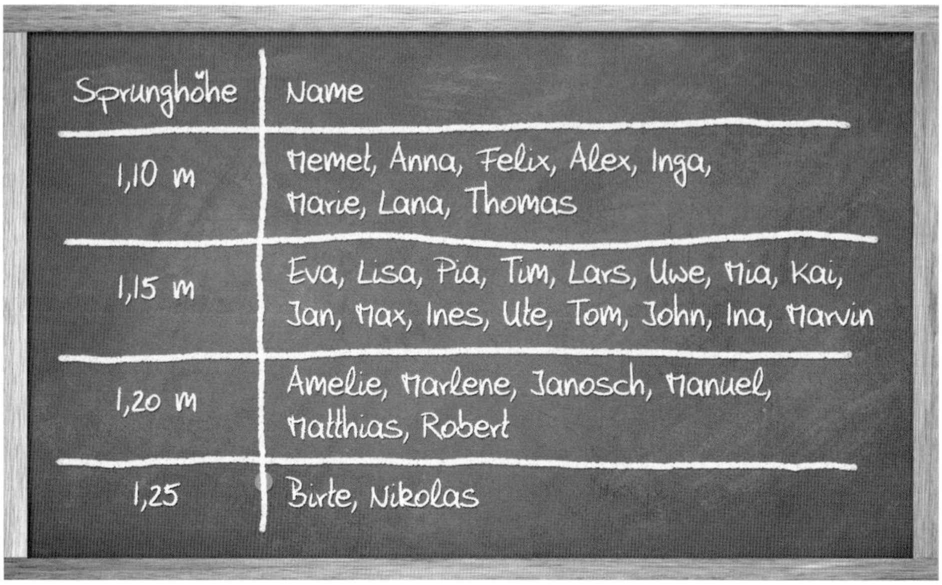

a) Ergänze die fehlenden Angaben. ___ v

Es haben ________ Schülerinnen und Schüler am Wettbewerb teilgenommen. Die meisten Teilnehmer sind ________ m hoch gesprungen. ________ Personen schafften eine Höhe von mindestens 1,20 m. Niemand hat die Höhe ________ m geschafft.

b) Bestimme die absoluten und relativen Häufigkeiten. Trage die Ergebnisse in die Tabelle ein. ___ v

Hochsprungleistung	1,10 m	1,15 m	1,20 m	1,25 m
absolute Häufigkeit				
relative Häufigkeit				
relative Häufigkeit in %				

c) Stelle die relativen Häufigkeiten im Kreisdiagramm dar. Runde dazu zunächst die relativen Häufigkeiten sinnvoll und berechne dann die Größe der Sektoren. ___ v

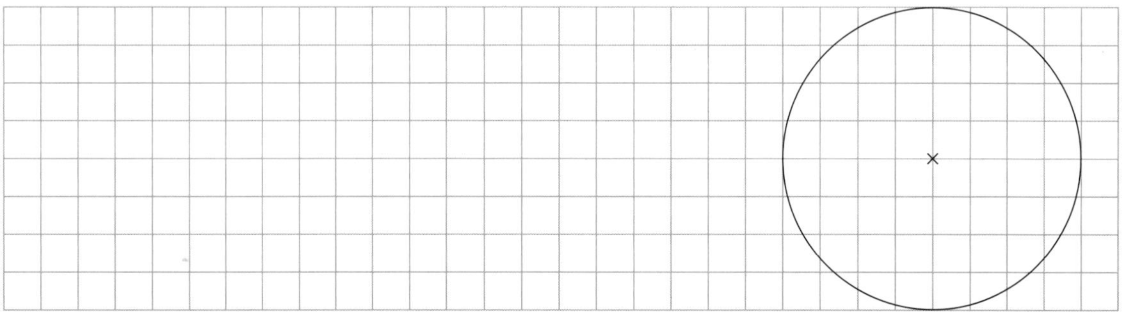

2. **a)** Die 25 Schülerinnen und Schüler der Klasse 7b haben ihre Mathematikarbeit zurückerhalten. Vervollständige die fehlenden Werte in der Tabelle sowie die fehlenden Säulen im Diagramm.

___ von 9

Tabelle:

Note	**1**	**2**	**3**	**4**	**5**	**6**
absolute Häufigkeit	2					
relative Häufigkeit			$\frac{8}{25}$		0,12	
relative Häufigkeit in %						4 %

Diagramm:

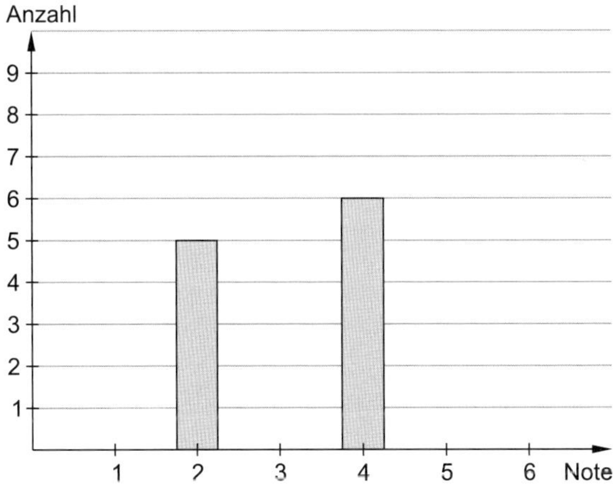

b) Der Notendurchschnitt der Klasse 7b liegt bei 3,24. In der Klasse 7a gab es 1 Eins, 8 Zweien, 8 Dreien, 6 Vieren, 4 Fünfen und 1 Sechs. Tom, ein Schüler der Klasse 7a, stellt enttäuscht fest: *„Hätte der Schüler, der die 6 geschrieben hat, eine 5 geschafft, wären wir besser als die 7b.“* Hat Tom recht?

___ von 3

3. Bei Paolos letztem Fußballtraining wurden seine Schussgeschwindigkeiten auf das Tor gemessen:

Schuss-Nummer	1	2	3	4	5	6
Geschwindigkeit in $\frac{km}{h}$	110	119	123	125	121	125

a) Wie schnell waren Paolos bester bzw. schlechtester Schuss?

___ von 1

Bester Schuss: ______ Schlechtester Schuss: ______

b) Berechne die Durchschnittsgeschwindigkeit von Paolos Schüssen.

___ von 1

c) Paolo stellt stolz fest: „*Meine Serie war richtig gut. Der mittlere Wert liegt heute bei 122* $\frac{km}{h}$.“ ___
Zeige rechnerisch, dass Paolo recht hat.

d) Bestimme den Unterschied zwischen Paolos schnellster und langsamster Schussgeschwindigkeit. ___

____

e) Welche Kennwerte werden in den Teilaufgaben a bis d ermittelt? Kreuze an. ___

	Minimum	Spannweite	arithmetisches Mittel	Maximum	Zentralwert
a)	☐	☐	☐	☐	☐
b)	☐	☐	☐	☐	☐
c)	☐	☐	☐	☐	☐
d)	☐	☐	☐	☐	☐

f) Vernachlässige den 1. Schuss und ermittle erneut Paolos Durchschnittsgeschwindigkeit. ___
Warum trifft dieser Wert den Sachverhalt besser?

4. Gib für die folgende Datenreihe das Minimum, das Maximum und die Spannweite an: ___
48,25 €; 35 €; 34,95 €; 42 €; 46 €; 39,73 €; 41 €; 36,07 €

Minimum: ______________ Maximum: ______________

Spannweite: ______________

5. Gib für folgende Datenreihe den Zentralwert an: 8 t; 4,5 t; 17,2 t; 34,1 t; 22,8 t; 28 t ___

Notenschlüssel

1	2	3	4	5	6
36–32	31–27	26–22	21–17	16–7	6–0

So lange habe ich gebraucht: ______________

So viele Punkte habe ich erreicht: ______________

Lösungen

Test 1

1. a) 5 Minuten,

Wertetabelle:

Spargelmenge in kg	0	0,5	1	1,5	2	2,5
Preis in €	**0**	**3,20**	**6,40**	**9,60**	**12,80**	**16,00**

Grafische Darstellung im Koordinatensystem:

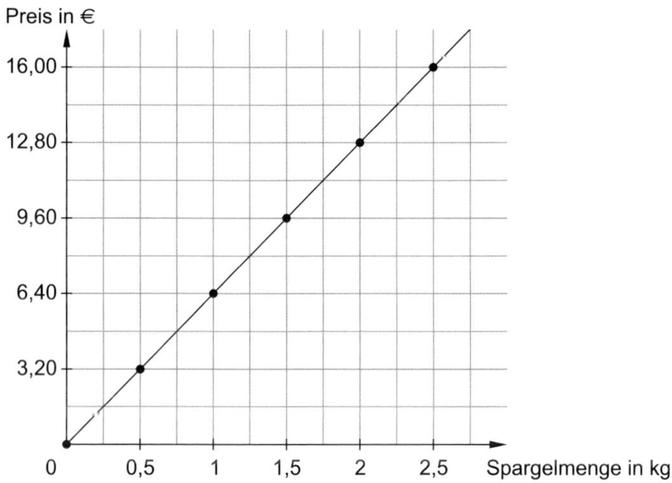

b) 2 Minuten,

Die Zuordnung *„Spargel in kg → Preis in €"* ist proportional, weil doppelt, dreimal, viermal … so viel Spargel auch doppelt, dreimal, viermal … so viel kostet.

Hinweis:
Dass es sich um eine proportionale Zuordnung handelt, erkennt man daran, dass der Graf im Ursprung des Koordinatengitters beginnt und linear verläuft

2. a) 1 Minute,

Antwort: **Hyperbel**

b) 4 Minuten,

Anzahl ehemaliger Schüler	500	250	125	100	50
Preis pro ehemaligem Schüler in €	**2**	**4**	**8**	**10**	**20**

2 3. 4 Minuten,

	proportional	antiproportional	weder noch
Ein Pkw verbraucht 8 ℓ Benzin auf 100 km. In seinem Tank befinden sich 64 ℓ. Wie weit kommt er damit?	[x]	[ ]	[ ]
Für ein neues Einkaufszentrum werden alte Häuser abgerissen. Um den Bauschutt abzutransportieren, bräuchten 5 Lkw 2 Wochen. Gib an, wie lange 10 solche Lkw bräuchten.	[ ]	[x]	[ ]
Ein Huhn braucht zum Ausbrüten von 8 Eiern 21 Tage. Wie lange braucht das Huhn zum Ausbrüten von 16 Eiern?	[ ]	[ ]	[x]
Zu Beginn der Badesaison wird ein Freibad mit 2 gleichen Wasserpumpen in 4 Tagen gefüllt. In wie vielen Tagen könnten 8 solche Pumpen das Freibad füllen?	[ ]	[x]	[ ]

4. a) 2 Minuten,

Taxikosten

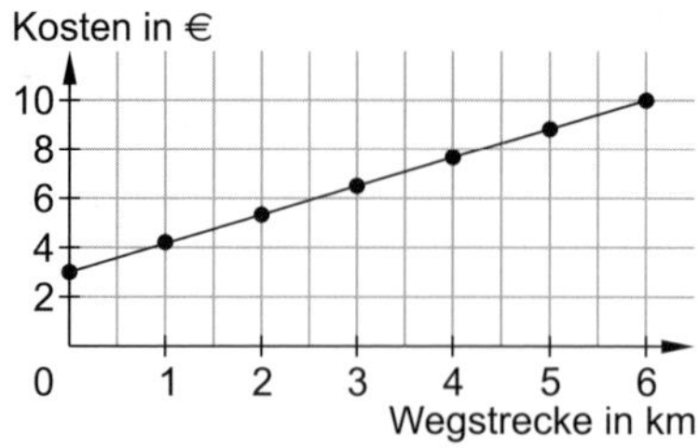

[ ] antiproportionale Zuordnung

[x] keine antiproportionale Zuordnung

Benzinkauf

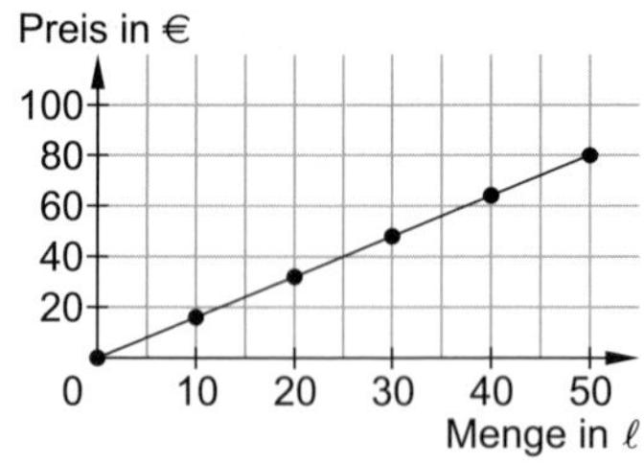

[ ] antiproportionale Zuordnung

[x] keine antiproportionale Zuordnung

Brunnenfontäne

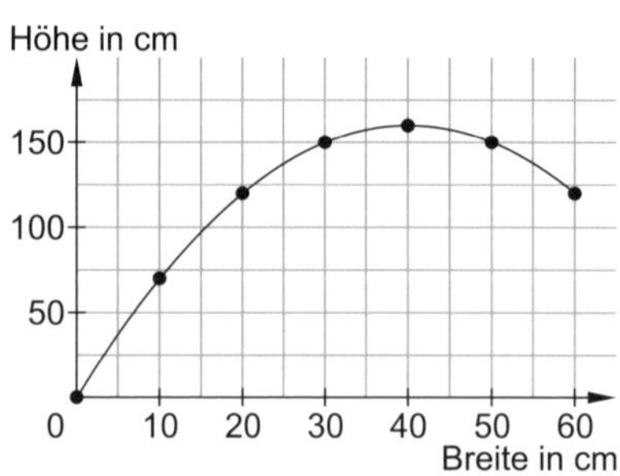

[ ] antiproportionale Zuordnung

[x] keine antiproportionale Zuordnung

Klassenfahrt

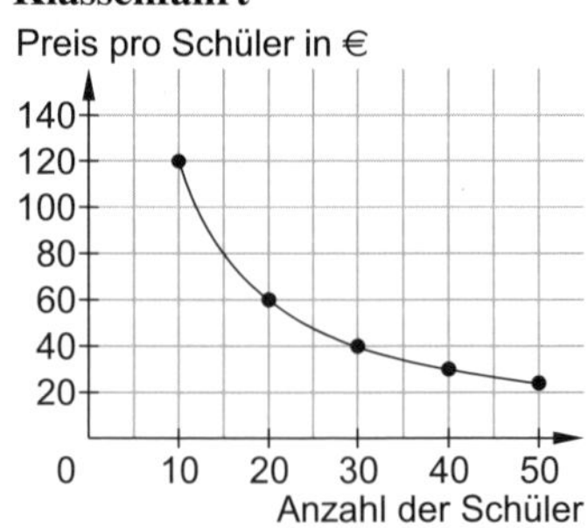

[x] antiproportionale Zuordnung

[ ] keine antiproportionale Zuordnung

b) 2 Minuten,

Der Zuordnungsfaktor des Diagramms **Klassenfahrt** ist:

$$x \cdot y = 140 \,\frac{€}{\text{Schüler}} \cdot 10\,\text{Schüler} = \mathbf{1\,400\ €}$$

Klassenarbeit 1

1. 3 Minuten,

	ja	nein
Bei doppelter Geschwindigkeit wird bei gleicher Zeit der doppelte Weg zurückgelegt.	☒	☐
Je mehr Kinder in einer Klasse sind, desto häufiger fehlen Kinder wegen Krankheit.	☐	☒
Je mehr jemand tankt, desto mehr Geld muss er bezahlen.	☒	☐
Je mehr Teile im Einkaufswagen liegen, desto mehr muss man bezahlen.	☐	☒
Je mehr gleiche Münzen man hat, desto höher ist ihr Gesamtgewicht.	☒	☐

2. a) 4 Minuten,

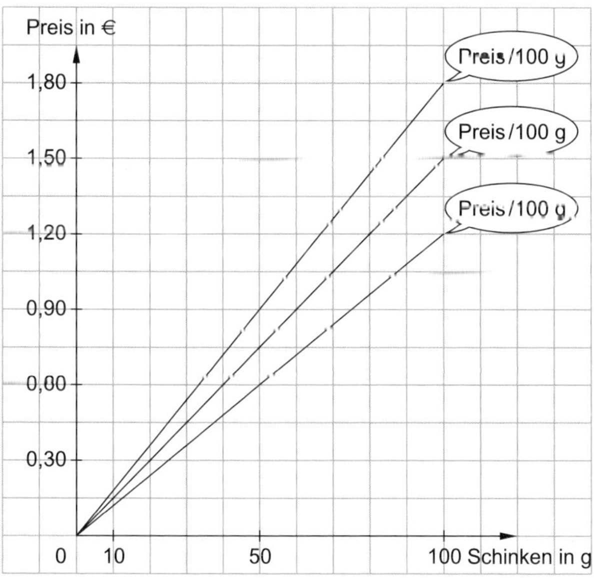

b) 2 Minuten,

Je steiler der Graf ansteigt, desto teurer ist der Schinken.

4 **3. a)** 5 Minuten,

Geschwindigkeit in $\frac{km}{h}$	0	10	50	80	**150**
Reaktionsweg in m	**0**	3	**15**	**24**	45

Berechnung der Geschwindigkeit bei einem Reaktionsweg von 45 m:

$$45 = \frac{v}{10} \cdot 3 \qquad | \cdot 10 \quad | :3$$

$$v = \frac{45 \cdot 10}{3}$$

$$v = 150$$

b) 4 Minuten,

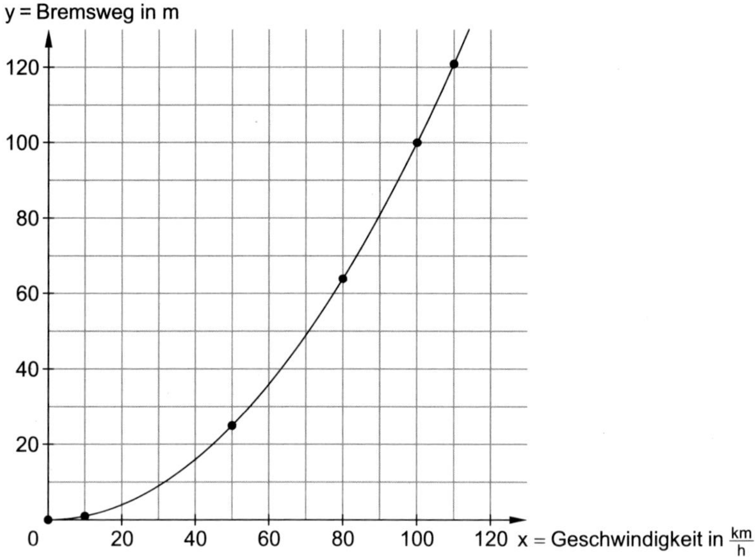

c) 1 Minute,

Es handelt sich um **keine** proportionale Zuordnung, da der Graf der Zuordnung *„Geschwindigkeit in $\frac{km}{h}$ → Bremsweg in m"* keine Ursprungsgerade ist.

Hinweis:
Es gilt zwar „je größer …, desto größer …", es gilt aber nicht: Verdoppelt man die Geschwindigkeit (Ausgangsgröße), so verdoppelt sich auch der Bremsweg (die zugeordnete Größe).

4. a) 4 Minuten,

Apfelmenge in kg	0	20	50	100	**150**	200
Apfelsaft in ℓ	**0**	**15**	**37,5**	**75**	112,5	**150**

b) 4 Minuten, 5

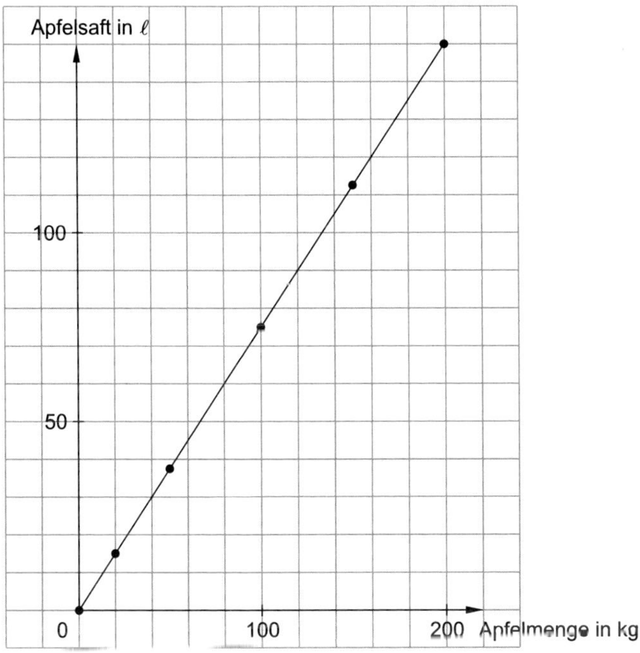

c) 3 Minuten,

Es werden 300 ℓ Apfelsaft in 1 Stunde = 60 Minuten produziert. Dabei handelt es sich um eine proportionale Zuordnung.

Berechnung der Apfelsaftmenge mithilfe des Dreisatzes:

	Zeit in min	Apfelsaft in ℓ	
: 60 ↓	60	300	↓ · 60
	1	5	

Antwort: Es werden **5 Liter** Apfelsaft pro Minute produziert.

5. Zuordnungen sind proportional, wenn alle Wertepaare $(x|y)$ mit $x \neq 0$ und $y \neq 0$ quotientengleich sind. Die drei Zuordnungen sind also auf Quotientengleichheit zu überprüfen. Liegt bereits bei zwei Wertepaaren ungleich $(0|0)$ keine Quotientengleichheit vor, ist die Zuordnung nicht proportional, und es müssen keine weiteren Wertepaare geprüft werden.

a) 2 Minuten,

Die Zuordnung ist proportional, weil Quotientengleichheit vorliegt.

Gewicht in g	100	250	400	500
Preis in €	1,28	3,20	5,12	6,40
Quotient y : x	**0,0128**	**0,0128**	**0,0128**	**0,0128**

☒ proportional
☐ nicht proportional

b) 2 Minuten,

Die Zuordnung ist nicht proportional, weil keine Quotientengleichheit vorliegt.

Entfernung in km	1	4	5	8
Preis in €	3,60	8,40	10,00	14,80
Quotient y : x	**3,60**	**2,10**	**2,00**	**1,85**

☐ proportional
☒ nicht proportional

c) 2 Minuten,

Die Zuordnung ist nicht proportional, weil keine Quotientengleichheit vorliegt.

Geschwindigkeit in km/h	0	10	20	50
Bremsweg in m	0	1	4	25
Quotient y : x	**n. def.**	**0,10**	**0,20**	**0,50**

☐ proportional
☒ nicht proportional

6. a) 1 Minute,

Er muss insgesamt **18 Pizzen** backen.

b) 3 Minuten,

Für 6 Pizzen werden 930 g Mehl benötigt. Es liegt eine proportionale Zuordnung vor, denn für doppelt so viele Pizzen benötigt man doppelt so viel Mehl.

Berechnung der benötigten Mehlmenge für 18 Pizzen mithilfe des Dreisatzes:

	Anzahl der Pizzen	Mehlmenge in g	
:6	6	930	:6
·18	1	155	·18
	18	**2 790**	

c) 1 Minute,

Zucker

7. 4 Minuten,

Berechnung des Bratwurstpreises:
Tims Onkel kauft 1,2 kg Bratwurst. 1 kg Bratwurst kostet 3,45 €.

Berechnung des gesamten Bratwurstpreises mithilfe des Dreisatzes:

	Bratwurst in kg	Preis in €	
·1,2	1	3,45	·1,2
	1,2	4,14	

Berechnung des Nackensteakpreises:
Tims Onkel kauft 6 Nackensteaks zu je 150 g, also insgesamt $6 \cdot 150\ g = 900\ g$.
100 g Nackensteak kosten 0,69 €.

7

Berechnung des gesamten Nackensteakpreises mithilfe des Dreisatzes:

	Nackensteak in g	Preis in €	
·9	100	0,69	·9
	900	6,21	

Berechnung des Gesamtpreis:
4,14 € + 6,21 € = **10,35 €**

Klassenarbeit 2

1. 2 Minuten,

Antiproportionale Zuordnungen sind:

☐ quotientengleich

☒ produktgleich

2. a) 2 Minuten,

Anzahl der Pumpen	1	3	6
Zeit in h	24	**8**	**4**

b) 2 Minuten,

Anzahl der Kaninchen	10	5	**25**
Anzahl der Fütterungstage	20	**40**	8

c) 2 Minuten,

Teilnehmer einer Busfahrt	15	20	**24**
Kosten pro Teilnehmer in €	40	**30**	25

3. a) 4 Minuten,

Es handelt sich um eine „je mehr …, desto weniger"-Zuordnung, denn „je länger der Tonofen nach dem Brennvorgang abkühlt, desto geringer ist seine Temperatur in °C". Die Zuordnung ist aber nicht antiproportional, da keine Produktgleichheit gilt: $1 \cdot 860 = 860 \neq 1\,440 = 2 \cdot 720$

oder

Die Zuordnung ist nicht antiproportional, da nicht gilt: „Verdoppelt man die Abkühlzeit, halbiert sich die Temperatur." Der Tabelle kann man entnehmen, dass die Temperatur nach 1 h noch 860 °C und nach 2 h immer noch 720 °C statt 430 °C beträgt, was der halben Temperatur entsprechen würde.

b) 4 Minuten,

☐ 500 °C ☐ 470 °C ☒ 440 °C ☐ 410 °C

Begründung:
- 500 °C scheidet aus, da die Temperatur stündlich geringer wird und sie sonst innerhalb der 5. Stunde gleich geblieben wäre.
- Der Tabelle kann man entnehmen, dass nicht nur die Temperatur, sondern auch die Temperaturabnahme von Stunde zu Stunde kleiner wird. Wäre 470 °C die richtige Antwort, so wäre die Temperaturabnahme innerhalb der 5. Stunde (30 °C) kleiner als die in der 6. Stunde (70 °C).
- 410 °C würde bedeuten, dass innerhalb der 6. Stunde die Temperatur nur noch um 10 °C sinken würde. Da laut Tabelle die Temperatur in den darauffolgenden 6 Stunden um 200 °C sinken wird, ist diese Abnahme zu gering.

4. a) 3 Minuten,
x steht für: **Anzahl der Tiere**
y steht für: **Anzahl der Tage, für die das Futter reicht**

b) 2 Minuten,

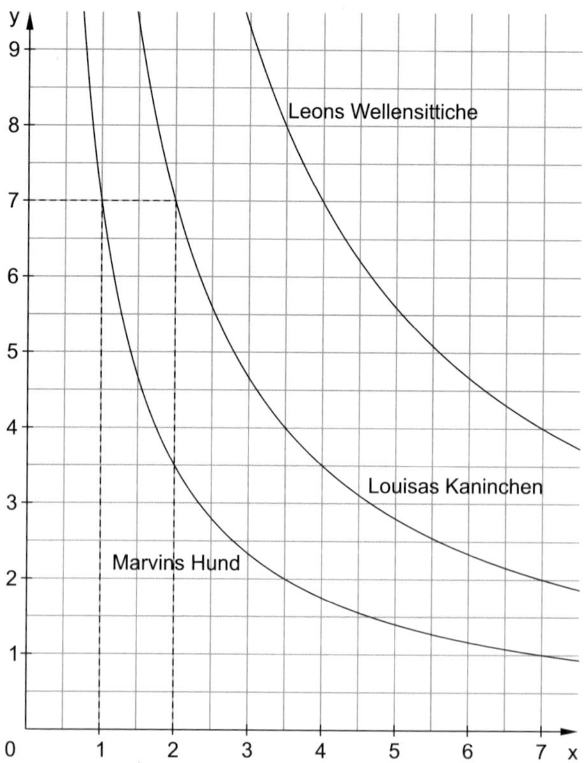

Diese Zuordnung erhält man, da Marvin 1 Hund und Louisa 2 Kaninchen hat.

c) 3 Minuten,
siehe Zeichnung zu Teilaufgabe b

5. a) 6 Minuten, 9

Tabelle:

Anzahl der Maschinen	2	3	4	6	8	10
Zeit in min	**120**	**80**	60	**40**	**30**	**24**

Koordinatensystem:

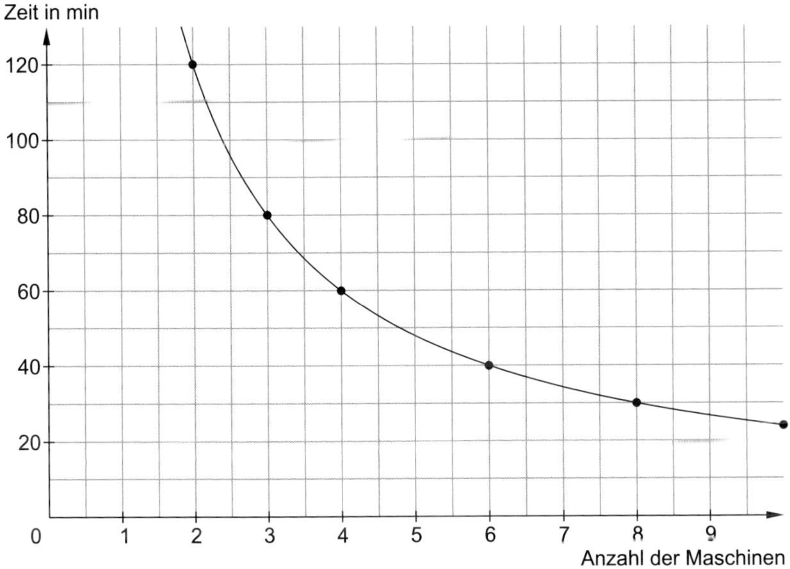

b) 4 Minuten,

Berechnung der abgefüllten Zahnpastamenge in 75-$m\ell$-Tuben:
$3\,600 \cdot 75\ m\ell = 270\,000\ m\ell$

Berechnung der abgefüllten Zahnpastamenge in 125-$m\ell$-Tuben:
$2\,160 \cdot 125\ m\ell = 270\,000\ m\ell$

Antwort: Ja, die 4 Maschinen füllen bei beiden Abfüllköpfen pro Stunde die gleiche Menge an Zahnpasta ab.

6. a) 5 Minuten,

1 Lkw benötigt 300 Arbeitstage. Es liegt eine antiproportionale Zuordnung vor, denn doppelt so viele Lkw benötigen nur halb so viele Arbeitstage.

Berechnung mithilfe des Dreisatzes:

	benötigte Arbeitstage	Anzahl Lkw	
	300	1	
: 300	1	300	· 300
· 20	20	15	: 20

Antwort: Es müssen **15 Lkw** eingesetzt werden.

10 b) 6 Minuten,

Anzahl der insgesamt benötigten Fahrten:
1 Lkw mit 10 Fahrten täglich benötigt 300 Arbeitstage. Das sind insgesamt $300 \cdot 10 = \mathbf{3\,000}$ **Fahrten**.

Anzahl der möglichen Fahrten:

- Anzahl der Fahrten in den ersten 10 Tagen mit 10 Lkw:
  1 Lkw macht 10 Fahrten täglich, also $10 \cdot 10 = 100$ Fahrten in den 10 Tagen.
  10 Lkw machen also insgesamt $10 \cdot 100 = 1\,000$ Fahrten in den 10 Tagen.
- Anzahl der Fahrten in den zweiten 10 Tagen mit 20 Lkw:
  1 Lkw macht in 10 Tagen insgesamt 100 Fahrten. Die 20 Lkw machen in 10 Tagen also $20 \cdot 100 = 2\,000$ Fahrten.
- Gesamtanzahl der möglichen Fahrten in den 20 Tagen:
  In den 20 Tagen können $1\,000 + 2\,000 = \mathbf{3\,000}$ **Fahrten** durchgeführt werden.

Antwort: Da die Anzahl der benötigten Fahrten mit der der möglichen Fahrten übereinstimmt, kann der gesamte Erdaushub in 20 Tagen abgefahren werden.

Test 2

1. 3 Minuten,

Bedingungen für die einzuzeichnenden Winkel:

spitzer Winkel:	$\alpha < 90°$	rechter Winkel:	$\beta = 90°$
stumpfer Winkel:	$90° < \gamma < 180°$	überstumpfer Winkel:	$180° < \delta < 360°$

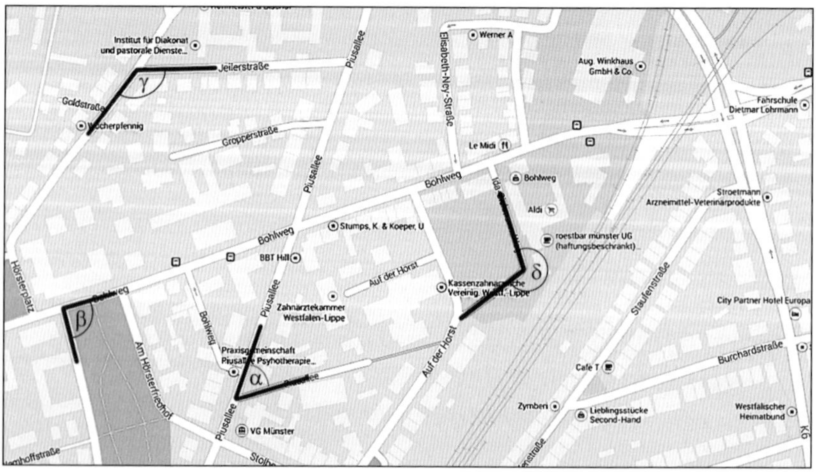

Kartendaten © 2014 GeoBasis-DE/BKG (© 2009), Google

Hinweis: Es gibt auch andere Möglichkeiten, die Winkel einzuzeichnen.

2. a) 3 Minuten,

$\alpha = \mathbf{47°}$ $\beta = \mathbf{118°}$ $\gamma = \mathbf{325°}$

b) 2 Minuten,

Das Winkelfeld muss größer als $360° : 3 = \mathbf{120°}$ sein.

Begründung:
Der Vollwinkel beträgt 360° und der Winkel zwischen dem Stunden- und dem Minutenzeiger ist laut Luke größer als $\frac{1}{3}$ des Vollwinkels.

Der Winkel beträgt: **126°**

Hinweis: Abweichungen um 2° sind zulässig.

3. 5 Minuten,

	wahr	falsch
Wenn eine Gerade zwei weitere Geraden kreuzt, entstehen grundsätzlich Wechselwinkelpaare. *Hinweis: Wechselwinkel sind nur an geschnittenen Parallelen gleich groß.*	☐	☒
Wenn sich zwei Geraden kreuzen, kann kein überstumpfer Winkel erzeugt werden.	☒	☐
Alle flächengleichen Dreiecke haben den gleichen Umfang. *Begründung: Die Dreiecksfläche hängt nur von der Länge der Grundseite und der zugehörigen Höhe ab und nicht von den anderen Seitenlängen.*	☐	☒
Verdoppelt man die Seitenlängen eines Dreiecks, verdoppelt sich der Umfang.	☒	☐
Dreiecke mit gleichen Winkelgrößen haben immer den gleichen Umfang. *Beispiel: Geodreiecke haben immer die gleichen Winkel, können jedoch unterschiedlich groß sein.*	☐	☒

4. 4 Minuten,

$\beta = \mathbf{63°}$ $\delta = \mathbf{27°}$

Begründung:
Durch die beiden Diagonalen werden 4 gleichschenklige Dreiecke erzeugt.

- Da in gleichschenkligen Dreiecken die Basiswinkel gleich groß sind, gilt $\varepsilon = 27°$.
- Der Winkel δ ist ein Wechselwinkel zu ε und beträgt damit 27°.
- Die Winkel ε und β ergeben zusammen 90°. Somit ist $\beta = 90° - 27° = 63°$.

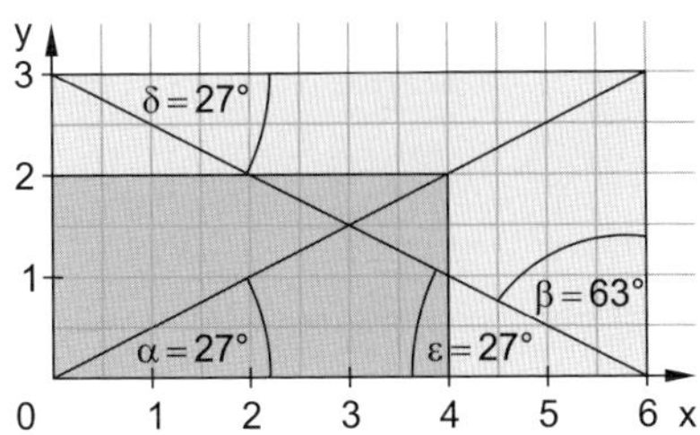

12 5. 3 Minuten,

Flächengleiche Dreiecke sind: **A, C und F sowie B, D und E**

Begründung:
Die Dreiecke A, C und F und die Dreiecke B, D und E sind je flächengleich, da die Längen der Grundseiten und die dazugehörigen Dreieckshöhen übereinstimmen.

Klassenarbeit 3

1. a) 2 Minuten,

Der Winkel β beträgt **143°**.

Begründung:
Der Winkel β ist ein Nebenwinkel zu $\alpha = 37°$. Da sich Nebenwinkel zu 180° ergänzen, gilt: $\beta = 180° - \alpha = 180° - 37° = \mathbf{143°}$

b) 3 Minuten,

$\beta = 180° - \gamma - \alpha = 180° - 90° - 43° = \mathbf{47°}$ Innenwinkelsumme im Dreieck

$\delta = \beta = \mathbf{47°}$ Wechselwinkel zu β

$\varepsilon = \alpha = \mathbf{43°}$ Wechselwinkel zu α

2. 3 Minuten,

Seitenlängen des Dreiecks: $a = b - 1$ cm; $c = b + 1$ cm
Umfang des Dreiecks: $u = 12$ cm

Berechnung der Seitenlängen:

$u = a + b + c$

$12\text{ cm} = (b - 1\text{ cm}) + b + (b + 1\text{ cm})$

$12\text{ cm} = 3b \quad |:3$

$b = 4\text{ cm}$

Die Seitenlängen sind: $a = 4\text{ cm} - 1\text{ cm} = \mathbf{3\text{ cm}}$; $b = \mathbf{4\text{ cm}}$; $c = 4\text{ cm} + 1\text{ cm} = \mathbf{5\text{ cm}}$

3. 3 Minuten,

Bei einem Dreieck muss die Summe zweier Seitenlängen immer größer als die Länge der dritten Seite sein. Das stimmt in diesem Fall nicht:
$210\text{ m} + 225\text{ m} = 435\text{ m} < 450\text{ m}$

4. a) 2 Minuten,

Wert in Zelle C4: $c = 24 - 5{,}5 - 7$
$c = \mathbf{11{,}5}$

Wert in Zelle D5: $u = 12 + 3 + 9$
$u = \mathbf{24}$

b) 2 Minuten,

Formel in D5: **= A5 + B5 + C5**

5. 8 Minuten,

kongruente Dreiecke	**Begründungen**
I und **VI**	Die beiden Dreiecke sind kongruent, weil sie in drei Seitenlängen übereinstimmen (sss).
II und III	Die beiden Dreiecke sind kongruent, weil sie in zwei Seitenlängen und dem eingeschlossenen Winkel übereinstimmen (sws).
IV und V	Die beiden Dreiecke sind kongruent, weil sie gleichseitig mit der Seitenlänge 6 cm sind. Wenn zwei Winkel 60° sind, ist auch der dritte Winkel 60° und damit sind auch alle Seiten gleich lang (hier 6 cm).

6. a) 5 Minuten,

Konstruktion:

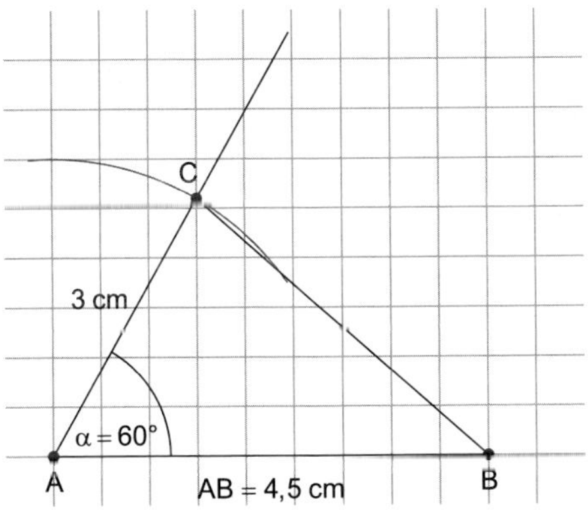

Fehlende Werte:

$\beta =$ **41°** $\quad \gamma =$ **79°** $\quad \overline{BC} =$ **4 cm**

b) 3 Minuten,

- Einen Kreis um A mit dem Radius $r = \overline{AC} = 3$ cm zeichnen.
- Schnittpunkt des Kreises um A mit dem freien Schenkel von α ist Punkt C.
- Eckpunkte B und C verbinden, es entsteht die Seite $\overline{BC}$.

7. a) 2 Minuten,

Gegeben: **α = 48°; $\overline{\text{EF}}$ = 90 cm; $\overline{\text{FG}}$ = 120 cm**

b) 2 Minuten,

☐ sss ☐ sws ☒ Ssw ☐ wsw

c) 5 Minuten,

Maßstab 1 : 20 bedeutet:
1 cm in der Zeichnung entspricht 20 cm in der Wirklichkeit.
Die Seitenlängen in der Zeichnung sind also $\overline{EF} = 4{,}5$ cm und $\overline{FG} = 6$ cm.

Konstruktion:

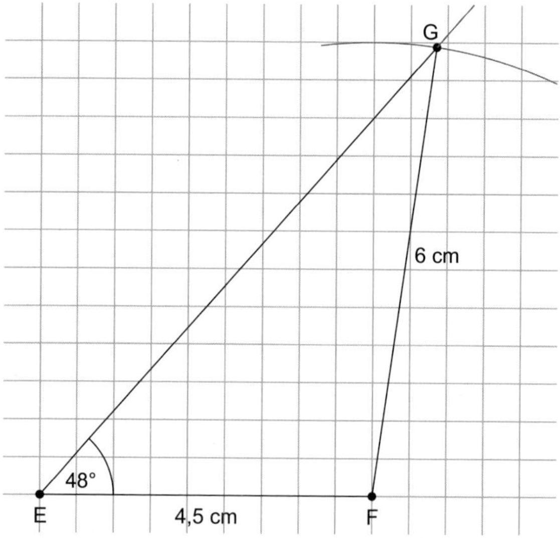

Der Abstand der Kugeln E und G in der Zeichnung beträgt 8 cm. Damit ist der Abstand der Kugeln in Wirklichkeit **160 cm**.

8. 5 Minuten,

	wahr	falsch
Wenn eine Gerade eine andere Gerade kreuzt, sind die entstehenden Scheitelwinkel immer gleich groß.	X	
Verdoppelt man die Höhe h_c und halbiert die dazugehörige Grundseite c, bleibt der Flächeninhalt des Dreiecks gleich.	X	
Dreiecke mit gleichem Umfang sind immer auch kongruente Dreiecke.		X
Dreiecke sind kongruent, wenn sie in einer Seitenlänge und den anliegenden Winkeln übereinstimmen.	X	
Dreiecke sind kongruent, wenn sie in den Längen von zwei Seiten und einem Winkel übereinstimmen.		X

Hinweis: Liegt der Winkel der kürzeren Seite gegenüber, sind die Dreiecke nicht zwangsläufig kongruent.

Klassenarbeit 4

1. 6 Minuten,

Die Aussage von Max stimmt. Die Höhen stehen auf ihren jeweiligen Grundseiten senkrecht. Da sie im gleichseitigen Dreieck die Winkel und die Seiten halbieren, stimmen sie mit den Seiten-, Winkelhalbierenden und Mittelsenkrechten überein.

Hinweis: Es sind auch andere Begründungen möglich.

2. *Hinweis:* Nutze zur Lösung der Aufgabe die Entfernungsangabe auf der Abbildung. Übertrage dazu die 100-m-Skala auf das eingezeichnete Dreieck.

a) 2 Minuten,

Länge des York-Rings in diesem Abschnitt: ungefähr **400 m**

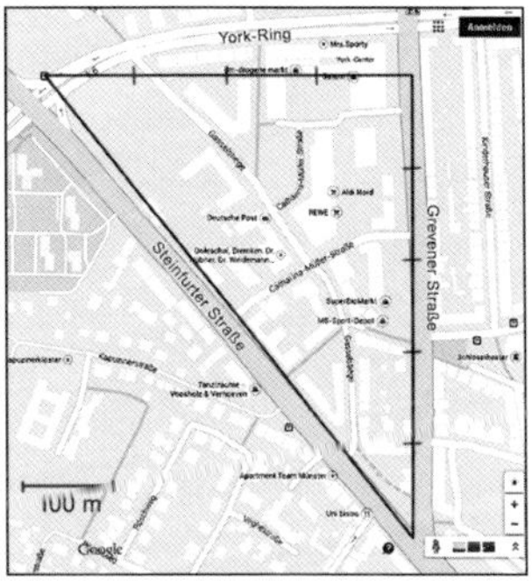

Kartendaten © 2014 GeoBasis-DE/BKG (© 2009), Google

b) 4 Minuten,

Die Fläche zwischen York-Ring, Grevener Straße und Steinfurter Straße beträgt etwa …

- [ ] $1\,000\ m^2$
- [ ] $10\,000\ m^2$
- [x] $100\,000\ m^2$
- [ ] $1\,000\,000\ m^2$

Begründung:

Bei der eingezeichneten Fläche handelt es sich um ein rechtwinkliges Dreieck und für die Fläche des rechtwinkligen Dreiecks gilt:

$$A = \frac{a \cdot b}{2} = \frac{\text{Abschnitt York-Ring} \cdot \text{Abschnitt Grevener Straße}}{2}$$

$$= \frac{400\ m \cdot 500\ m}{2}$$

$$= 100\,000\ m^2$$

3. 5 Minuten,

Die Höhe h_c eines Dreiecks ABC im Thaleskreis ist maximal, wenn sie dem Radius entspricht. Ist der Radius $r = 5$ cm, dann ist die Grundseite $c = 10$ cm und die Höhe $h_c = 5$ cm.

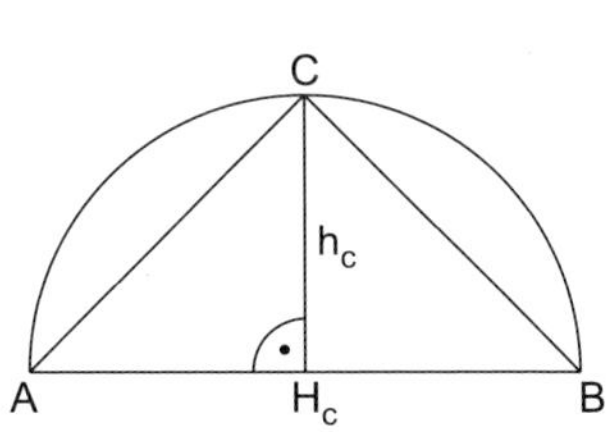

Für die maximal mögliche Fläche gilt:

$$A_{max} = \frac{c \cdot h_c}{2} = \frac{10\ cm \cdot 5\ cm}{2} = 25\ cm^2$$

Die Behauptung ist somit richtig.

4. 5 Minuten,

	wahr	falsch
In jedem gleichschenkligen Dreieck sind zwei Winkel gleich groß.	☒	☐
Der Schnittpunkt der Seitenhalbierenden eines Dreiecks ist der Umkreismittelpunkt.	☐	☒
Wenn alle Höhen in einem Dreieck gleich lang sind, ist das Dreieck gleichseitig.	☒	☐
Wenn α und β im Dreieck zusammen 90° ergeben, ist das Dreieck rechtwinklig.	☒	☐
Den Umkreis eines Dreiecks konstruiert man mithilfe der Winkelhalbierenden.	☐	☒

5. a) 2 Minuten,

Skizze:

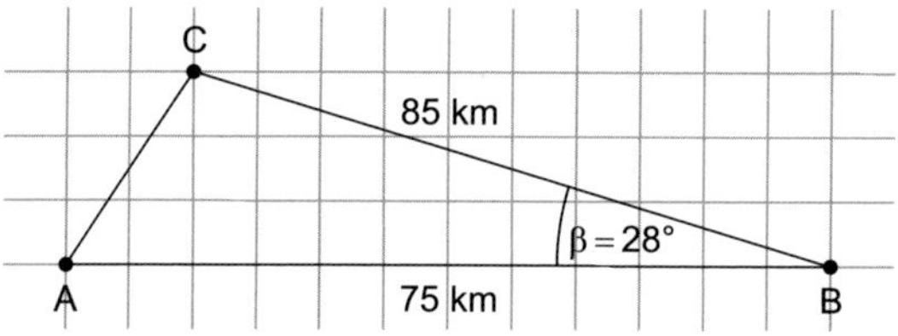

b) 4 Minuten,

Konstruktion im Maßstab 1 : 100 000:

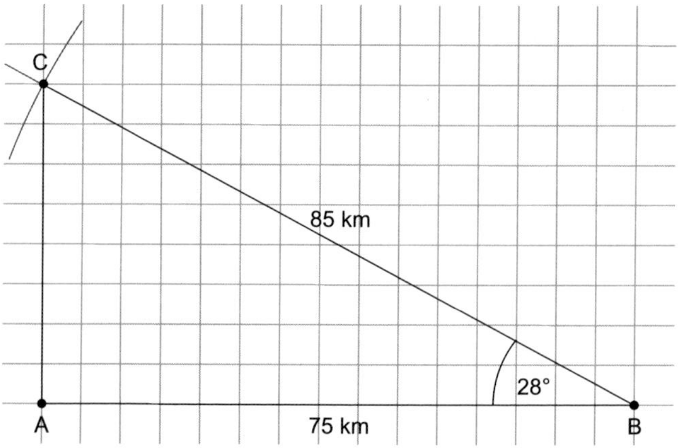

Der Abstand von A und C beträgt in der Zeichnung 4 cm. Damit ist der Abstand in Wirklichkeit 40 km.

Die gesamte Weglänge des Dreieckskurses beträgt somit:
75 km + 85 km + 40 km = **200 km**

6. a) 3 Minuten, **17**

Skizze:

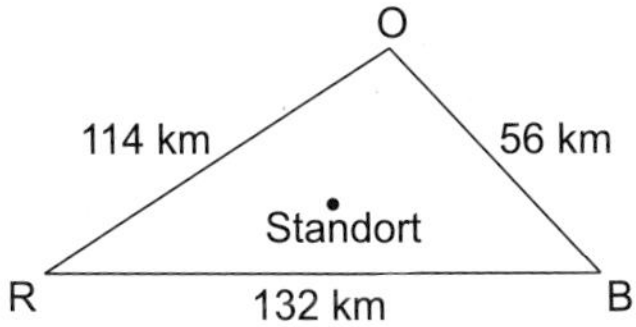

b) 5 Minuten,

Bemerkung:
Der Mittelpunkt M des Umkreises ist der Standort, von dem alle drei Städte gleich weit entfernt sind.

Es gilt:
132 km in Wirklichkeit ≙ 6,6 cm in der Zeichnung
Damit beträgt der Maßstab der Zeichnung 1 : 2 000 000 und die anderen Streckenlängen betragen 5,7 cm (114 km) und 2,8 cm (56 km).

Konstruktion im Maßstab 1 : 2 000 000:

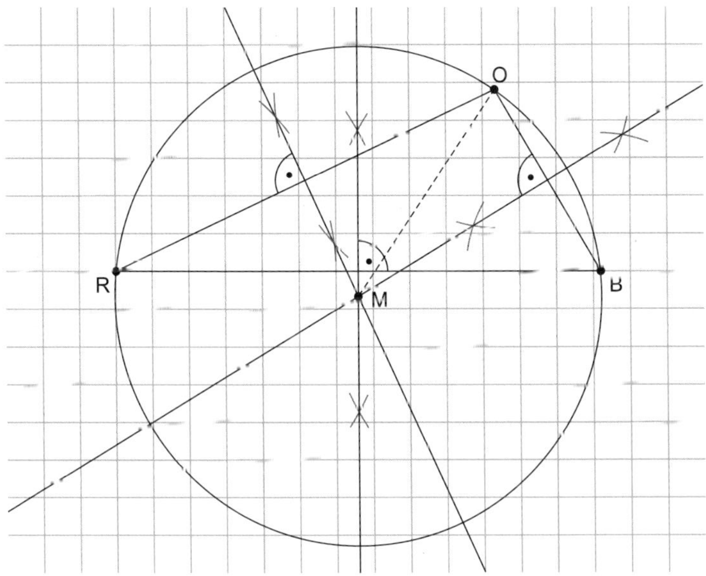

Hinweis:
Der Abstand von M und O beträgt in der Zeichnung etwa 3,3 cm. Damit ist der Abstand in Wirklichkeit 66 km (kleine Abweichungen werden akzeptiert).

7. a) 5 Minuten,

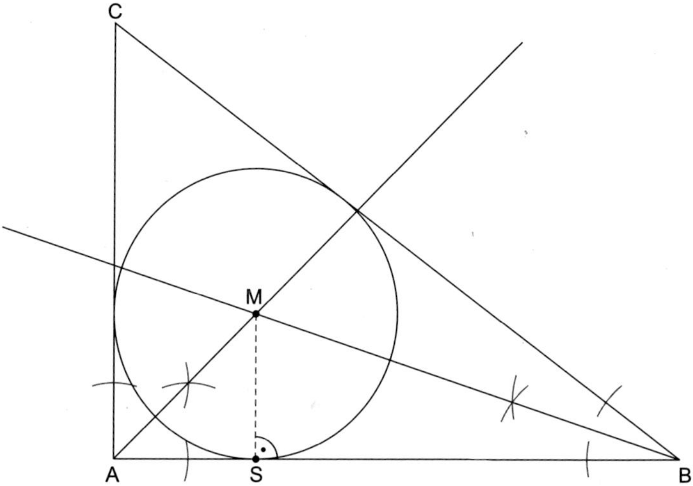

b) 4 Minuten,

Der Mittelpunkt des Inkreises ist der Schnittpunkt M der Winkelhalbierenden. Der Radius des Inkreises entspricht dem kürzesten Abstand von M zu den Grundseiten, hier: $r = \overline{MS}$

Test 3

1. a) 3 Minuten,

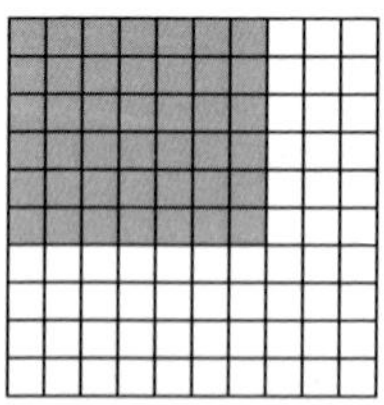

Anteil der grau gefärbten Fläche:

$\frac{42}{100} = \mathbf{42\ \%}$

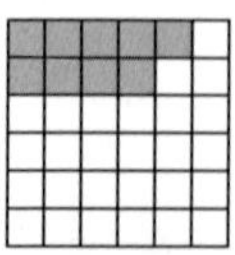

Anteil der grau gefärbten Fläche:

$\frac{9}{36} = \mathbf{25\ \%}$

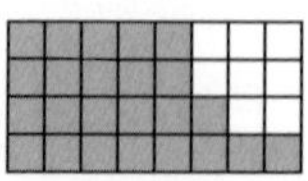

Anteil der grau gefärbten Fläche:

$\frac{24}{32} = \mathbf{75\ \%}$

b) 4 Minuten,

Teilfläche 1: Teilfläche 2:

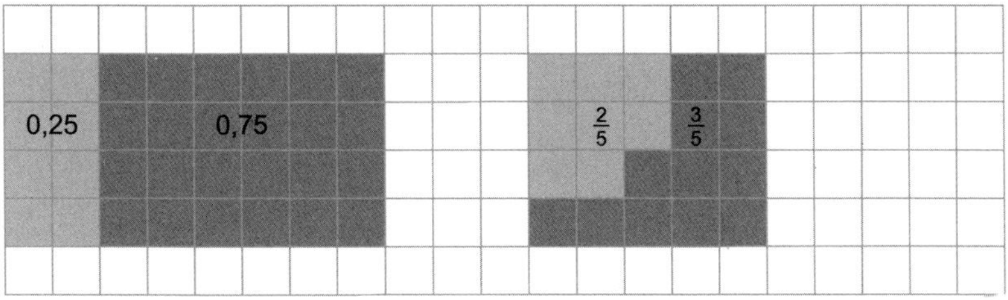

2. 3 Minuten,

Prozentschreibweise	Bruch	Hundertstelbruch	Dezimalbruch
18 %	**$\frac{9}{50}$**	**$\frac{18}{100}$**	**0,18**
80 %	$\frac{4}{5}$	**$\frac{80}{100}$**	**0,8**
36 %	**$\frac{9}{25}$**	**$\frac{36}{100}$**	0,36

3. a) 2 Minuten,

Dem Text kann man entnehmen: 3 Schüler haben die Note „sehr gut“.

Dem Säulendiagramm kann man entnehmen:
10 % der Schüler haben die Note „sehr gut“.
30 % der Schüler haben die Note „ausreichend“.

Es liegt eine proportionale Zuordnung vor:

	Anteil der Schüler	Anzahl der Schüler	
· 3	10 %	3	· 3
	30 %	9	

Antwort: **9 Schüler** haben die Note „ausreichend“, also eine 4, bekommen.

b) 4 Minuten,

Kreisdiagramm:

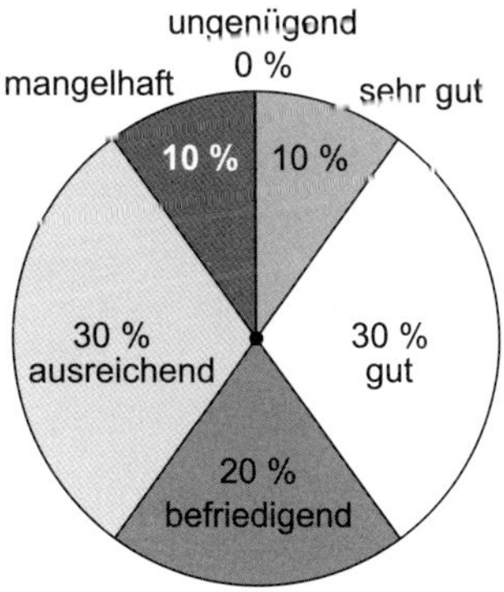

Berechnung der Winkel:
Es gilt 1 % ≙ 3,6°. Damit ergibt sich:

Note	Winkelfeld
sehr gut	10 % ≙ 36°
gut	30 % ≙ 108°
befriedigend	20 % ≙ 72°
ausreichend	30 % ≙ 108°
mangelhaft	10 % ≙ 36°
ungenügend	0 % ≙ 0°

Hinweis: Im Kreisdiagramm muss die Note „ungenügend“ nicht unbedingt erscheinen.

4. 4 Minuten,

Frage	sinnvoll	nicht sinnvoll
Entspricht der Wassergehalt in Leas Körper 32 kg?	☒	☐
Ist es möglich, dass Lea 1,50 m groß ist?	☐	☒
Wie viele Kilogramm von Leas Körpergewicht bestehen nicht aus Wasser?	☒	☐
Gib den Wasseranteil in Prozent an.	☒	☐

Keine sinnvolle Frage: „Ist es möglich, dass Lea 1,50 m groß ist?"
Diese Frage kann nicht mit den bekannten Aussagen zur Wassermenge $\left(\frac{2}{3}\right)$ und dem Körpergewicht (48 kg) beantwortet werden. Daher ist sie im Hinblick auf diese Aussagen keine sinnvolle Frage.

Lösung der gewählten Frage:

- „Entspricht der Wassergehalt in Leas Körper 32 kg?"
  Gegeben: Grundwert G = 48 kg (gesamtes Körpergewicht)
  Prozentwert P = 32 kg (Gewicht des Wassers im Körper)
  Gesucht: Prozentsatz p (Anteil des Wassers)
  Berechnung des Wasseranteils:
  $$p = \frac{P}{G} = \frac{32\text{ kg}}{48\text{ kg}} = \frac{2}{3}$$
  Antwort: Weil 32 kg $\frac{2}{3}$ von 48 kg sind, entspricht der Wassergehalt 32 kg.

  Alternative Lösungsmöglichkeit:
  Gegeben: Grundwert G = 48 kg (gesamtes Körpergewicht)
  Prozentsatz $p = \frac{2}{3}$ (Anteil des Wassers)
  Gesucht: Prozentwert P
  Berechnung des Wassergehalts in Leas Körper:
  $$P = G \cdot p = 48\text{ kg} \cdot \frac{2}{3} = 32\text{ kg}$$
  Antwort: Ja, der Wassergehalt von Leas Körper entspricht 32 kg.

- „Wie viele Kilogramm von Leas Körpergewicht bestehen nicht aus Wasser?"
  Gegeben: Grundwert G = 48 kg (gesamtes Körpergewicht)
  Anteil $p = \frac{2}{3}$ (Anteil des Wassers)
  Gesucht: Prozentwert P (Gewicht des Nicht-Wassers im Körper)
  Berechnung des Prozentwertes:
  $$P = G - G \cdot p = 48\text{kg} - 48\text{ kg} \cdot \frac{2}{3} = 48\text{ kg} - 32\text{ kg} = 16\text{ kg}$$
  Antwort: **16 kg** von Leas Körpergewicht bestehen nicht aus Wasser.

- „Gib den Wasseranteil in Prozent an."
  Berechnung:
  $$\frac{2}{3} = 2:3 = 0{,}6666\ldots \approx \mathbf{66{,}7\ \%}$$

Klassenarbeit 5

1. a) 3 Minuten,

Gegeben: Grundwert G = 750 €; Prozentsatz p % = 15 %
Gesucht: Prozentwert P

Berechnung des Prozentwertes:

$$P = \frac{G \cdot p}{100} = \frac{750\ € \cdot 15}{100} = \mathbf{112{,}50\ €}$$

b) 3 Minuten,

Gegeben: Prozentwert P = 144 kg; Prozentsatz p % = 8 %
Gesucht: Grundwert G

Berechnung des Grundwertes:

$$G = \frac{P \cdot 100}{p} = \frac{144\ \text{kg} \cdot 100}{8} = \mathbf{1\,800\ kg}$$

c) 3 Minuten,

Gegeben: Grundwert G = 11 ℓ; Prozentwert P = 2,75 ℓ
Gesucht: Prozentsatz p %

Berechnung des Prozentsatzes in %:

$$p = \frac{P \cdot 100}{G} = \frac{2{,}75\ \ell \cdot 100}{11\ \ell} = 25 \quad \Rightarrow \quad \mathbf{p\ \% = 25\ \%}$$

2. a) 2 Minuten,

12 % von 240 km sind …

☐ 15,6 km ☐ 21,4 km ☐ 25,2 km ☒ 28,8 km ☐ 36,6 km

Überschlagsrechnung:

$$\left.\begin{matrix} 10\ \% \mathrel{\hat{=}} 24\ \text{km} \\ 2\ \% \mathrel{\hat{=}} 4{,}8\ \text{km} \end{matrix}\right\} \Rightarrow 12\ \% \mathrel{\hat{=}} 28{,}8\ \text{km}$$

b) 2 Minuten,

18 kg von 75 kg sind …

☐ 18 % ☒ 24 % ☐ 30 % ☐ 36 % ☐ 42 %

Überschlagsrechnung:

$$\frac{18\ \text{kg}}{75\ \text{kg}} = \frac{6\ \text{kg}}{25\ \text{kg}} > \frac{5\ \text{kg}}{25\ \text{kg}} = \frac{1}{5} = 20\ \% \quad \Rightarrow \quad 18\ \text{kg von } 75\ \text{kg} \mathrel{\hat{=}} 24\ \%$$

c) 2 Minuten,

35 ℓ Heizöl sind 8 % von …

☐ 250,25 ℓ ☐ 350,5 ℓ ☒ 437,5 ℓ ☐ 525,25 ℓ ☐ 700 ℓ

Überschlagsrechnung:

$$\left.\begin{array}{l} G = \frac{P \cdot 100}{p} = \frac{35\,\ell \cdot 100}{8} > \frac{32\,\ell \cdot 100}{8} = 400\,\ell \\ G = \frac{P \cdot 100}{p} = \frac{35\,\ell \cdot 100}{8} < \frac{40\,\ell \cdot 100}{8} = 500\,\ell \end{array}\right\} \Rightarrow G = 437{,}5\,\ell$$

3. 4 Minuten,

Gegeben: Grundwert G = 200 (Anzahl der verkauften Laufshirts)
Prozentsatz p % = 18 % (Anteil der grünen Laufshirts)

Gesucht: Prozentwert P (Anzahl der verkauften grünen Laufshirts)

Berechnung des Prozentwertes:

$$P = \frac{G \cdot p}{100} = \frac{200 \cdot 18}{100} = 36$$

Antwort: Das Sportgeschäft hat bei der Rabattaktion **36** grüne Laufshirts verkauft.

4. 16 Minuten,

Löhne und Gehälter	Herr Buchwals	Frau Karac	Frau Wittler	Herr Aytul
alter Lohn (Grundwert G)	4 100 €	3 440 €	3 390 €	3 100 €
Lohnerhöhung in € (Prozentwert P)	**172,20 €**	**137,60 €**	128,82 €	**111,60 €**
Lohnerhöhung in % (Prozentsatz p in %)	**4,2 %**	4 %	**3,8 %**	**3,6 %**
neuer Lohn (G + P)	4 272,20 €	**3 577,60 €**	**3 518,82 €**	3 211,60 €

Herr Buchwals:

Berechnung der Lohnerhöhung in €:

$P = 4\,272{,}20\,€ - 4\,100\,€ = 172{,}20\,€$

Berechnung der Lohnerhöhung in %:

$$p = \frac{P \cdot 100}{G} = \frac{172{,}20\,€ \cdot 100}{4\,100\,€} = 4{,}2$$

$\Rightarrow\ p\,\% = 4{,}2\,\%$

Frau Karac:

Berechnung der Lohnerhöhung in €:

$$P = \frac{G \cdot p}{100} = \frac{3\,440\,€ \cdot 4}{100} = 137{,}60\,€$$

Berechnung des neuen Lohns in €:

$G + P = 3\,440\,€ + 137{,}60\,€$
$= 3\,577{,}60\,€$

Frau Wittler:

Berechnung der Lohnerhöhung in %:

$$p = \frac{P \cdot 100}{G} = \frac{128{,}82\,€ \cdot 100}{3\,390\,€} = 3{,}8$$

$\Rightarrow\ p\,\% = 3{,}8\,\%$

Berechnung des neuen Lohns in €:

$G + P = 3\,390\,€ + 128{,}82\,€ = 3\,518{,}82\,€$

Herr Aytul:

Berechnung der Lohnerhöhung in €:

$P = 3\,211{,}60\,€ - 3\,100\,€ = 111{,}60\,€$

Berechnung der Lohnerhöhung in %:

$$p = \frac{P \cdot 100}{G} = \frac{111{,}60\,€ \cdot 100}{3\,100\,€} = 3{,}6$$

$\Rightarrow\ p\,\% = 3{,}6\,\%$

5. 4 Minuten,

Lösungsansatz: Das Angebot mit dem niedrigsten Zinssatz ist das günstigste.

Angebot 1:

Gegeben: Kredit K = 6 000 €
Zinsen Z = 300 €

Gesucht: Zinssatz p in %

$$p = \frac{Z \cdot 100}{K} = \frac{300\,€ \cdot 100}{6\,000\,€} = 5$$

$\Rightarrow$ p % = 5 %

Angebot 2:

Gegeben: Kredit K = 12 500 €
Zinsen Z = 13 500 € – 12 500 €
Zinsen Z = 1 000 €

Gesucht: Zinssatz p in %

$$p = \frac{Z \cdot 100}{K} = \frac{1\,000\,€ \cdot 100}{12\,500\,€} = 8$$

$\Rightarrow$ p % = 8 %

günstigstes Angebot:	Angebot **1**
weniger günstiges Angebot:	Angebot **3**
ungünstigstes Angebot:	Angebot **2**

6. 6 Minuten,

- Einzahlung von Maria:

  Gegeben: Zinsen Z = 8 €
  Zinssatz p % = 2 %

  Gesucht: Kapital K (eingezahlter Betrag)

  Berechnung des Kapitals:

  $$K = \frac{Z \cdot 100}{p} = \frac{8\,€ \cdot 100}{2} = 400\,€$$

  Maria hat bei der Kontoeröffnung **400 €** eingezahlt.

- Einzahlung von Julia:

  Nach einem Jahr haben Maria und Julia samt Zinsen jeweils 400 € + 8 € = 408 € auf ihren Konten.

  Gegeben: Endkapital K + Z = 408 € (Kontostand nach einem Jahr)
  Zinssatz p % = 3,3 %

  Gesucht: Kapital K (eingezahlter Betrag)

  Berechnung des Kapitals:

  $$K + Z = 408\,€$$

  $$K + \frac{K \cdot p}{100} = 408\,€$$

  $$K \cdot \left(1 + \frac{3,3}{100}\right) = 408\,€$$

  $$K \cdot 1,033 = 408\,€ \qquad |:1,033$$

  $$K = \frac{408\,€}{1,033}$$

  $$K \approx 395\,€$$

  Julia hat bei der Kontoeröffnung etwa **395 €** eingezahlt.

Klassenarbeit 6

1. 6 Minuten,

Echter Bruch	Dezimalbruch	Prozent	Promille
$\frac{3}{8}$	0,375	**37,5 %**	**375 ‰**
$\frac{1}{8}$	**0,125**	**12,5 %**	**125 ‰**
$\frac{1}{1250}$	**0,0008**	**0,08 %**	0,8 ‰
$\frac{19}{200}$	**0,095**	9,5 %	**95 ‰**

2. a) 2 Minuten,

100 % – (10 % + 18 % + 22 % + 14 % + 16 %) = 100 % – 80 % = **20 %**

b) 6 Minuten,

Hinweis: Das vorgegebene Streifendiagramm ist in 50 Teile unterteilt, d. h., 1 Teil entspricht 2 %.

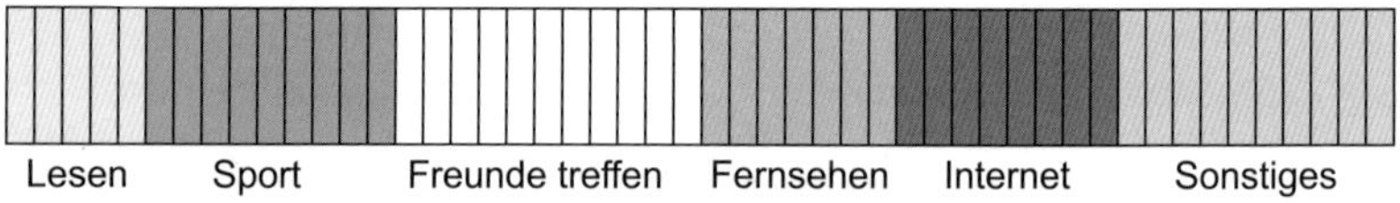

3. 5 Minuten,

Gegeben: Grundwert G = 12,5 g = 12 500 mg (Gewicht der Brausetablette)
Prozentwert P = 350 mg (Gewicht des Magnesiums in der Tablette)

Gesucht: Prozentsatz p in % und ‰

Berechnung des Prozentsatzes in % und ‰:

$$p = \frac{P \cdot 100}{G} = \frac{350\text{ mg} \cdot 100}{12\,500\text{ mg}} = 2{,}8 \quad \Rightarrow \quad \mathbf{p\,\% = 2{,}8\,\%\ und\ p\,‰ = 28\,‰}$$

4. 4 Minuten,

Gegeben: Kredit K = 11 000 €
Zinssatz p % = 6,25 %

Gesucht: Zinsen Z (Abweichung von der Schätzung 700 €)

Berechnung der zu zahlenden Zinsen:

$$Z = \frac{K \cdot p}{100} = \frac{11\,000\text{ €} \cdot 6{,}25}{100} = 687{,}50\text{ €}$$

Antwort: Leons Schätzung weicht um 700,00 € – 687,50 € = **12,50 €** vom wirklichen Zinsbetrag ab.

5. 6 Minuten,

Gegeben: Geldbetrag K = 500 €
Zinssatz p % = 1,5 %
Zeit t = 6 Monate

Gesucht: Zinsen Z für ein halbes Jahr

Berechnung der Zinsen:

$$Z = \frac{K \cdot p \cdot t}{100 \cdot 12} = \frac{500\,€ \cdot 1{,}5 \cdot 6}{100 \cdot 12} = \mathbf{3{,}75\,€}$$

6. 7 Minuten,

Gegeben: Kreditbetrag K = 5 000 €
Zinsen Z = 126 €
Zeit t = 60 Tage

Gesucht: Zinssatz p in %

Berechnung des Zinssatzes in %:

$$p = \frac{Z \cdot 100 \cdot 360}{K \cdot t} = \frac{126\,€ \cdot 100 \cdot 360}{5\,000\,€ \cdot 60} = 15{,}12 \quad \Rightarrow \quad \mathbf{p\,\% = 15{,}12\,\%}$$

7. a) 5 Minuten,

Wert in Zelle E7: 99,95 – 29,99 = **69,96**

Formel für Zelle E7: **= B7 – D7**

b) 4 Minuten,

☐ = 169,00 € * C9 ☐ = B9 * C9 ☒ = B9 * C4 ☐ = B9 * D9

Test 4

1. a) 2 Minuten,

$$\frac{42}{49} \cdot \frac{28}{54} = \frac{{}^{7}\cancel{42}}{\cancel{49}_{7}} \cdot \frac{\cancel{28}^{4}}{\cancel{54}_{9}} = \frac{\cancel{7}}{\cancel{7}} \cdot \frac{4}{9} = \mathbf{\frac{4}{9}}$$

b) 2 Minuten,

$$\frac{64}{81} : \frac{48}{54} = \frac{{}^{8}\cancel{64}}{{}_{9}\cancel{81}} \cdot \frac{\cancel{54}^{6}}{\cancel{48}_{6}} = \frac{8}{9} \cdot \frac{\cancel{6}}{\cancel{6}} = \mathbf{\frac{8}{9}}$$

c) 2 Minuten,

$$3\frac{6}{13} \cdot \frac{39}{35} = \frac{{}^{9}\cancel{45}}{{}_{1}\cancel{13}} \cdot \frac{\cancel{39}^{3}}{\cancel{35}_{7}}$$
$$= \frac{9}{1} \cdot \frac{3}{7}$$
$$= \mathbf{\frac{27}{7}} = \mathbf{3\frac{6}{7}}$$

d) 2 Minuten,

$$3\frac{3}{4} : 1\frac{1}{8} = \frac{15}{4} : \frac{9}{8} = \frac{{}^{5}\cancel{15}}{{}_{1}\cancel{4}} \cdot \frac{\cancel{8}^{2}}{\cancel{9}_{3}}$$
$$= \frac{5}{1} \cdot \frac{2}{3}$$
$$= \mathbf{\frac{10}{3}} = \mathbf{3\frac{1}{3}}$$

2. a) 2 Minuten,

$$\frac{4}{5}-\frac{7}{6}:\frac{14}{8}=\frac{4}{5}-\frac{7}{6}\cdot\frac{8}{14}=\frac{4}{5}-\frac{2}{3}=\frac{12}{15}-\frac{10}{15}=\mathbf{\frac{2}{15}}$$

b) 3 Minuten,

$$\frac{4}{5}\cdot\left(\frac{2}{3}-\frac{1}{4}\right)=\frac{4}{5}\cdot\left(\frac{8}{12}-\frac{3}{12}\right)=\frac{4}{5}\cdot\frac{5}{12}=\mathbf{\frac{1}{3}}$$

3. a) 1 Minute,

Das Produkt der beiden Zähler muss kleiner sein als das der Nenner. Es gibt mehrere Möglichkeiten, z. B.:

$$\frac{3}{8}\cdot\mathbf{\frac{1}{2}}=\frac{3}{16}<1$$

b) 1 Minute,

Multipliziert werden muss mit dem Kehrwert, also: $\frac{3}{8}\cdot\mathbf{\frac{8}{3}}=1$

c) 1 Minute,

Das Produkt der beiden Zähler muss größer sein als das der Nenner. Es gibt mehrere Möglichkeiten, z. B.:

$$\frac{3}{8}\cdot\mathbf{\frac{16}{5}}=\frac{6}{5}=1\frac{1}{5}>1$$

4. a) 1 Minute,

Martin hat vergessen, um den ersten und den zweiten Faktor Klammern zu setzen. Lässt er die Klammern weg, gilt Punkt- vor Strichrechnung.

b) 3 Minuten,

$$\left(\frac{1}{2}+\frac{2}{3}\right)\cdot\left(\frac{2}{3}-\frac{2}{7}\right)=\left(\frac{3}{6}+\frac{4}{6}\right)\cdot\left(\frac{14}{21}-\frac{6}{21}\right)=\frac{7}{6}\cdot\frac{8}{21}=\mathbf{\frac{4}{9}}$$

Klassenarbeit 7

1. 2 Minuten,

Zahl	$\frac{4}{5}$	**7,2 oder –7,2**	**0**	**–14,3**
Betrag	$\mathbf{\frac{4}{5}}$	7,2	**0**	**14,3**
Gegenzahl	$\mathbf{-\frac{4}{5}}$	**–7,2 oder 7,2**	0	14,3

2. **a)** 1 Minute,

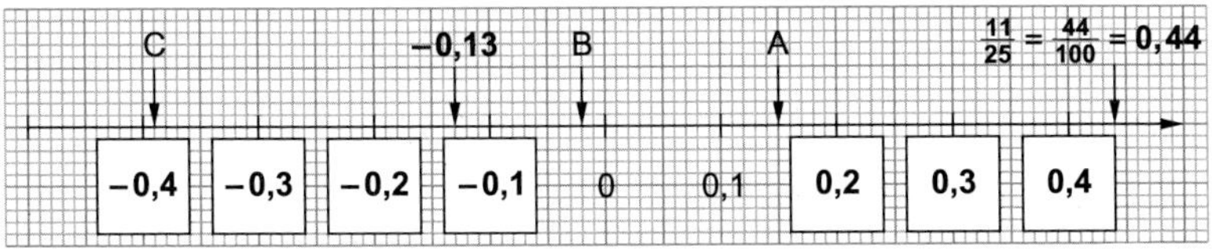

b) 2 Minuten,

Buchstabe	von Pia abgelesene Zahl	richtig	falsch	Korrektur
A	0,15	☒	☐	
B	0,02	☐	☒	**– 0,02**
C	–0,41	☐	☒	**– 0,39**

c) 2 Minuten,

siehe Zeichnung zu Teilaufgabe a

3. **a)** 1 Minute,

z. B.: –0,9; –0,85; –0,5; –0,21; 0; 0,03; 0,17; 0,5; 1; 1,5 …

b) 2 Minuten,

z. B.: –7; –10

Hinweis: Es können alle Zahlen genannt werden, die kleiner sind als –5.

c) 1 Minute,

Iris hat unrecht. –3,5 ist von –3 genauso weit entfernt wie von –4, da der Abstand beide Male 0,5 beträgt.

d) 3 Minuten,

In der Mitte von –7 und 2 liegt:	$(-7+2) : 2 = (-5) : 2 = \mathbf{-2{,}5}$
In der Mitte von –4,8 und –2,2 liegt:	$[-4{,}8 + (-2{,}2)] : 2 = (-7) : 2 = \mathbf{-3{,}5}$
In der Mitte von 5,7 und |–3,1| liegt:	$(5{,}7 + 3{,}1) : 2 = 8{,}8 : 2 = \mathbf{4{,}4}$

4. 4 Minuten,

$-30{,}2 > -30{,}4$ $\qquad 0{,}0134 > -0{,}135$ $\qquad -2\frac{1}{4} > -2{,}4$ $\qquad |-3{,}2| < 3{,}3$

5. **a)** 2 Minuten,

A(3,5 | 3) C(–4,5 | 1) E(0 | –4) F(1 | –1,5)

b) 2 Minuten,

- 1. Quadrant waagerechter Vierer: (1 | 2,5); (1,5 | 2,5); (2 | 2,5); (2,5 | 2,5)
- x-Achse waagerechter Vierer: (–0,5 | 0); (0 | 0); (1 | 0)

- 2. Quadrant senkrechter Dreier: (–2,5 | 2,5); (–2,5 | 3,5)
- 2./3. Quadrant senkrechter Fünfer: (–3,5 | –1); (–3,5 | –0,5); (–3,5 | 0); (–3,5 | 0,5); (–3,5 | 1)
- 3. Quadrant waagerechter Fünfer: (–2,5 | –2); (–2 | –2); (–1 | –2); (–0,5 | –2)
- 4./1. Quadrant senkrechter Sechser: (4 | –1,5); (4 | –1); (4 | –0,5); (4 | 0); (4 | 0,5); (4 | 1)

c) 1 Minute,

Es entsteht **ein Rechteck**.

d) 4 Minuten,

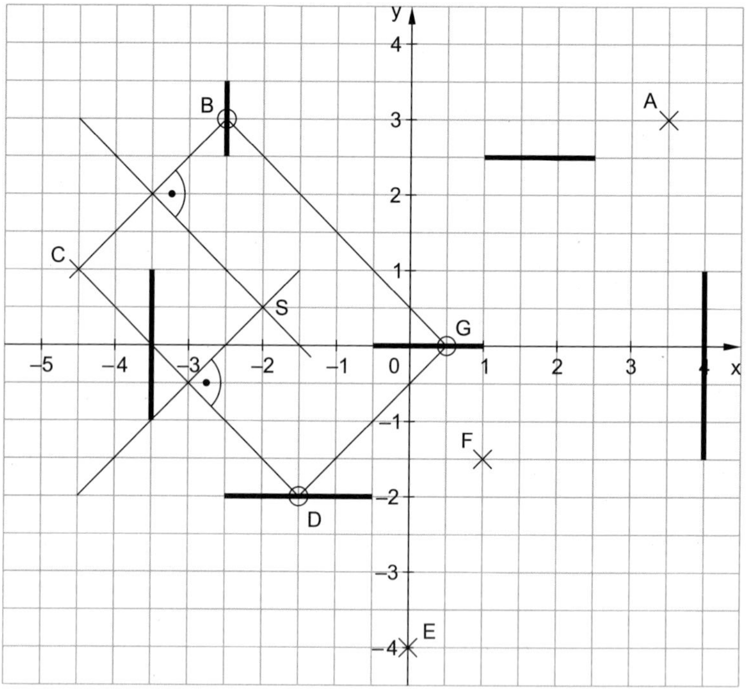

Die Mittelsenkrechten schneiden sich im Punkt S(**–2 | 0,5**).

6. 2 Minuten,

	positiv	negativ	weder noch		positiv	negativ	weder noch
0,35 : (–1)	☐	☒	☐	13 + (–4)	☒	☐	☐
0 : (–9)	☐	☐	☒	15 – (–27)	☒	☐	☐

7. a) 1 Minute,

16 – (–20) = 16 + 20 = **36**

b) 1 Minute,

$-20-16=\mathbf{-36}$

c) 2 Minuten,

$-4-(-2)=-4+2=\mathbf{-2}$

8. a) 2 Minuten,

$+4\,°\mathrm{C} \xrightarrow{-6\,°\mathrm{C}} \mathbf{-2\,°C}$

$-0{,}5\,\mathrm{kg} \xrightarrow{-0{,}25\,\mathrm{kg}} \mathbf{-0{,}75\,kg}$

b) 2 Minuten,

$\mathbf{7{,}18\,m \xrightarrow{-2{,}56\,m} 4{,}62\,m}$

c) 2 Minuten,

$\mathbf{82\,€ \xrightarrow{-194\,€} -112\,€}$

9. a) 1 Minute,

$-12{,}2-(-4{,}7)=-12{,}2+4{,}7=\mathbf{-7{,}5}$

b) 1 Minute,

$-0{,}125:0{,}5=-1{,}25:5=\mathbf{-0{,}25}$

c) 2 Minuten,

$$7\frac{3}{5}-\left(+2\frac{1}{3}\right)=7\frac{3}{5}-2\frac{1}{3}=7\frac{9}{15}-2\frac{5}{15}=\mathbf{5\frac{4}{15}}$$

d) 2 Minuten,

$$-\frac{2}{7}:\left(-\frac{16}{42}\right)=-\frac{2}{7}\cdot\left(-\frac{42}{16}\right)=\frac{2}{7}\cdot\frac{21}{8}=\mathbf{\frac{3}{4}}$$

Klassenarbeit 8

1. 6 Minuten,

	wahr	falsch
a) Dividiert man eine Zahl durch (–1), erhält man ihre Gegenzahl.	☒	☐
b) Jeder Bruch ist eine rationale Zahl.	☒	☐
c) Dividiert man Null durch eine negative Zahl, ist das Ergebnis immer negativ.	☐	☒

Gegenbeispiel:
Es gilt: $0:(-0{,}04)=0$
Wird 0 durch eine negative Zahl dividiert, ergibt sich immer 0 und 0 ist nicht negativ.

	wahr	falsch
d) Der Kehrwert einer negativen Zahl ist stets positiv.	☐	☒

Gegenbeispiel:
Der Kehrwert von $-\frac{5}{8}$ ist der Bruch $-\frac{8}{5}<0$.
Beim Kehrwert werden Zähler und Nenner vertauscht, das Vorzeichen bleibt erhalten.

2. 3 Minuten

	Vertauschungsgesetz	Verbindungsgesetz
$-17+3{,}5+(-2{,}5)+6=-17+(-2{,}5)+3{,}5+6$	☒	☐
$=[-17+(-2{,}5)]+(3{,}5+6)$	☐	☒
$(-8)\cdot 12\cdot(-5)=12\cdot(-8)\cdot(-5)$	☒	☐
$=12\cdot[(-8)\cdot(-5)]$	☐	☒
$[3\cdot(-6)]\cdot 5\cdot(-2)=3\cdot[(-6)\cdot 5]\cdot(-2)$	☐	☒
$=3\cdot(-2)\cdot[(-6)\cdot 5]$	☒	☐

3. a) 3 Minuten

$25\cdot(-0{,}5)\cdot 36\cdot(-4)=25\cdot(-4)\cdot(-0{,}5)\cdot 36=(-100)\cdot(-18)=\mathbf{1\,800}$

b) 3 Minuten

$513-74+37-50+4=(513+37)-50-74+4=550-50-70=500-70=\mathbf{430}$

4. a) 1 Minute

$(a-b)\cdot c=\mathbf{a\cdot c-b\cdot c}$

b) 1 Minute

$a\cdot c+a\cdot b=\mathbf{a\cdot(c+b)}$

5. a) 2 Minuten

$-22{,}5\cdot 5-17{,}5\cdot 5=(-22{,}5-17{,}5)\cdot 5=(-40)\cdot 5=\mathbf{-200}$

b) 2 Minuten

$$\left(-\frac{3}{4}+0{,}2\right)\cdot 12=\left(-\frac{3}{4}\right)\cdot 12+0{,}2\cdot 12=-9+2{,}4=\mathbf{-6{,}6}$$

c) 3 Minuten

$$\left[\frac{5}{6}+\left(-\frac{2}{5}\right)\right]:\frac{5}{12}=\left[\frac{5}{6}-\frac{2}{5}\right]\cdot\frac{12}{5}=\frac{5}{6}\cdot\frac{12}{5}-\frac{2}{5}\cdot\frac{12}{5}=2-\frac{24}{25}=\mathbf{1\frac{1}{25}}$$

6. a) 3 Minuten

$-144{,}3+0{,}3\cdot 21-8{,}8:(-0{,}2)=-144{,}3+6{,}3-(-44)=-138+44=\mathbf{-94}$

b) 3 Minuten,

$$[13{,}3+(-2{,}3)]\cdot(-4)+(-7{,}5:5)=11\cdot(-4)-1{,}5=-44-1{,}5=\mathbf{-45{,}5}$$

7. 3 Minuten,

$$[84{,}7-(-15{,}3)]\cdot\left[64{,}8:\left(-\frac{3}{4}\right)\right]=(84{,}7+15{,}3)\cdot\left[64{,}8\cdot\left(-\frac{4}{3}\right)\right]=100\cdot(-86{,}4)=\mathbf{-8\,640}$$

8. a) 2 Minuten,

$$7-2\cdot\left(\frac{3}{16}-0{,}5\right)=7-2\cdot\frac{3}{16}-2\cdot0{,}5=7-\frac{3}{8}-1=6-\frac{3}{8}=5\frac{5}{8}$$

Karin hat beim Anwenden des Distributivgesetzes einen Vorzeichenfehler gemacht: $-2\cdot(-0{,}5)=\mathbf{+2\cdot0{,}5}$

b) 2 Minuten,

$$7-2\cdot\frac{3}{16}-[2\cdot(-0{,}5)]=7-\frac{3}{8}-(-1)=7-\frac{3}{8}+1=8-\frac{3}{8}=\mathbf{7\frac{5}{8}}$$

c) 2 Minuten,

Subtrahiere von 7 das Produkt aus 2 und der Differenz aus $\frac{3}{16}$ und 0,5.

9. a) 3 Minuten,

Muster-Bank	Kontostand vom 01. 05. 14	**325,76 €**	**H**
Muster-Bank Friheim		Kontoauszug 4	
Konto-Nr. 10237482	BLZ 490 800 12	Blatt 1	
Datum	**Buchungsangabe**	**Betrag in €**	
03. 05. 14	Gehalt	**2 871,34** €	**H**
04. 05. 14	Rechnung Wohnung	**840,27** €	**S**
04. 05. 14	Rechnung Versicherungen	**420,00** €	**S**
04. 05. 14	Rechnung Auto	**101,17** €	**S**
05. 05. 14	Fußballverein Tim	**4,95** €	**S**
05. 05. 14	Schwimmverein Eva	**4,95** €	**S**
05. 05. 14	Turnverein Jan	**4,95** €	**S**
10. 05. 14	Flohmarkteinnahmen	**207,87** €	**H**
	Kontostand am 10. 05. 14; 17:34 Uhr	**2 028,68 €**	**H**

b) 3 Minuten,

$325{,}76\,\text{€} + 2\,871{,}34\,\text{€} - 840{,}27\,\text{€} - 420\,\text{€} - 101{,}17\,\text{€} - (3 \cdot 4{,}95\,\text{€}) + 207{,}87\,\text{€}$
$= 3\,197{,}10\,\text{€} - 1\,361{,}44\,\text{€} - 14{,}85\,\text{€} + 207{,}87\,\text{€}$
$= 1\,835{,}66\,\text{€} + 193{,}02\,\text{€}$
$= 2\,028{,}68\,\text{€}$

oder

$325{,}76\,\text{€} + 2\,871{,}34\,\text{€} - [840{,}27\,\text{€} + 420\,\text{€} + 101{,}17\,\text{€} + (3 \cdot 4{,}95\,\text{€})] + 207{,}87\,\text{€}$
$= 3\,197{,}10\,\text{€} - [1\,361{,}44\,\text{€} + 14{,}85\,\text{€}] + 207{,}87\,\text{€}$
$= 3\,197{,}10\,\text{€} - 1\,376{,}29\,\text{€} + 207{,}87\,\text{€}$
$= 2\,028{,}68\,\text{€}$

Test 5

1. a) 5 Minuten,

Situation	Buchstabe
Formel des Umfangs eines Rechtecks	**B**
Dividiere eine Zahl durch 2 und addiere 4.	**E**
Paul ist 4 cm weiter als Emil gesprungen.	**H**
Formel des Flächeninhalts eines Dreiecks	**G**
Von der 2-fachen Länge 4 m abziehen	**C**
Sina schneidet ihre Pizza in 13 Teile.	**A**
Rolf wiegt 4 kg mehr als das doppelte Gewicht seines Sohnes.	**F**
Umfang folgender Figur: 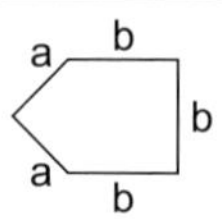	**D**

b) 3 Minuten,

Es bleibt Term **I: 3a + 2b + 4** übrig.

Mögliche Geschichten:

- In einem Café kosten ein Kaffee und ein Kuchen als Sonderangebot zusammen 4 €. Jedes weitere Stück Kuchen kostet 3 €, jeder weitere Kaffee 2 €. Wie viel muss man am Ende des Cafébesuchs bezahlen?
- Bei einem Online-Anbieter kann man große Notizhefte für 3 € und kleine Notizhefte für 2 € bestellen. Die Versandkosten betragen pro Einkauf 4 €. Was kostet eine Bestellung?
- Eine Klasse besucht eine Eishalle. Die Buchungspauschale über das Internet beträgt 4 € und der Eintritt 3 € pro Person. Leihschlittschuhe kosten 2 € pro Person. Wie viel muss die gesamte Klasse bezahlen?

2. 3 Minuten,

x	0	–1	2
2,6 · x – 1	**–1**	**–3,6**	**4,2**
(x + 2) · 4	**8**	**4**	**16**

3. 2 Minuten,

Die vier möglichen Kombinationen lauten:

- x = **2**; y = **11**
  Rechnung: 3 · **2** + 4 · **11** = 6 + 44 = 50
- x = **10**; y = **5**
  Rechnung: 3 · **10** + 4 · **5** = 30 + 20 = 50
- x = **6**; y = **8**
  Rechnung: 3 · **6** + 4 · **8** = 18 + 32 = 50
- x = **14**; y = **2**
  Rechnung: 3 · **14** + 4 · **2** = 42 + 8 = 50

4. a) 2 Minuten,

Tina erreicht **Punkt B**, siehe auch die Markierung in der Zeichnung:

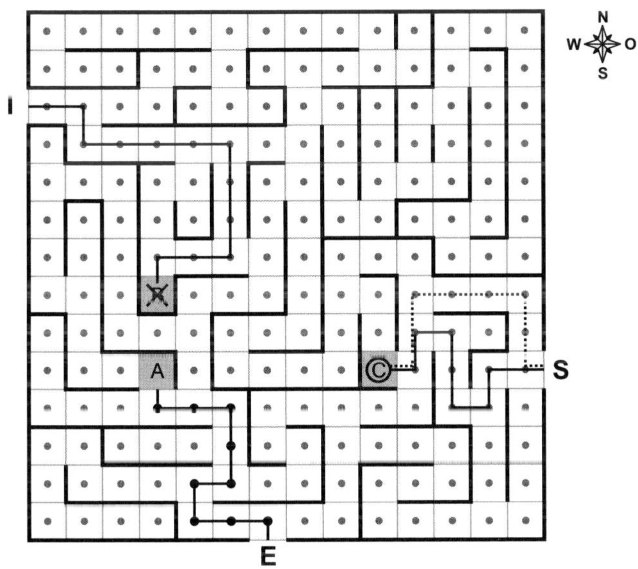

b) 3 Minuten,

1n + 2w + 1n + 1o + 2n + 2w + 1n = **5n + 4w + 1o**

c) 2 Minuten,

Es sind zwei Wege möglich (vgl. Zeichnung zu Teilaufgabe a), der Term ist jedoch bei beiden der gleiche: **5w + 2s + 2n**

Klassenarbeit 9

1. 5 Minuten,

Term	richtig	falsch	Korrektur
$3a - 2a + 5a = 6a$	×		
$(15c \cdot d) : 5 = 3cd$	×		
$m \cdot n \cdot n \cdot m \cdot m = 3m \cdot 2n$		×	$\mathbf{m^3n^2}$
$7x^3 \cdot 2x = 14x^4$	×		
$7v^2x \cdot (-2)vx^3 \cdot 0{,}5v = 7v^4x^4$		×	$\mathbf{-7v^4x^4}$

2. a) 2 Minuten,

Länge des Rechtecks: a
Breite des Rechtecks: $3b$

Berechnung des Flächeninhalts:
Flächeninhalt = Länge · Breite = $a \cdot 3b = \mathbf{3ab}$

b) 2 Minuten,

Länge des Rechtecks: $4a$
Flächeninhalt: $20ab$

Berechnung der Breite des Rechtecks:
Breite = Flächeninhalt : Länge = $20ab : (4a) = \mathbf{5b}$

c) 2 Minuten,

Breite des Rechtecks: $2a$
Umfang: $4a + 14b$

Berechnung der Länge des Rechtecks:
Länge = 0,5 · (Umfang – 2 · Breite) = $0{,}5 \cdot (4a + 14b - 2 \cdot 2a) = 0{,}5 \cdot 14b = \mathbf{7b}$

3. a) 1 Minute,

$(4a - 5) \cdot 2b = \mathbf{8ab - 10b}$

b) 2 Minuten,

$7{,}2x - (-3v + 2{,}5z - 1{,}8x) = 7{,}2x + 3v - 2{,}5z + 1{,}8x = \mathbf{9x + 3v - 2{,}5z}$

c) 2 Minuten,

$$(-12s + 21) : \left(-\frac{3}{4}\right) = (-12s + 21) \cdot \left(-\frac{4}{3}\right) = -12s \cdot \left(-\frac{4}{3}\right) + 21 \cdot \left(-\frac{4}{3}\right) = \mathbf{16s - 28}$$

4. a) 1 Minute,

$6cd - 8 = \mathbf{2 \cdot (3cd - 4)}$

b) 1 Minute,

$-36x^2y + 48xy^2 = \mathbf{12xy \cdot (-3x + 4y)}$

5. a) 1 Minute,

$-6ab + 10a^2 = \boxed{\mathbf{2a}} \cdot (-3b + 5a)$

b) 1 Minute,

$-12xy + \boxed{\mathbf{3xz}} = \boxed{\mathbf{-3x}} \cdot (4y - z)$

6. a) 1 Minute,

Anzahl der Pizzen: x
Anzahl der Getränke: y

Term: **5,80 € · x + 2,50 € · y**

b) 1 Minute,

Anzahl der DVDs: x

Term: **9,95 € · x + 4 €**

c) 2 Minuten,

Alter von Lea: x
Alter von Uli: x − 4

Alter von Tom: **2 · (x − 4)**

7. a) 2 Minuten,

Anzahl der Erwachsenen: x
Anzahl der Kinder: y

Term:
6,50 € · x + 4 € · y

Preis für 1 Erwachsenen und 2 Kinder:
6,50 € · 1 + 4 € · 2 = 6,50 € + 8 € = **14,50 €**

b) 6 Minuten,

Kosten für den Eintritt:
6,50 € · 2 + 4 € · 3 = 13 € + 12 € = 25 €

Kosten für Popcorn und Limo:
2,95 € · 3 + 1,95 € · 2 = 8,85 € + 3,90 € = 12,75 €

Restgeld:
50 € − 25 € − 12,75 € = 12,25 €

Restgeld pro Person:
12,25 € : 5 = 2,45 €

Antwort: Max' Aussage ist falsch. Für jeden bleiben nur 2,45 € übrig.

36 **8.** a) 2 Minuten,

Anzahl der Gesprächsminuten von zu Hause: x
Anzahl der Gesprächsminuten von unterwegs: y

Tarif S: **2,50 € + 0,15 € · x + 0,19 € · y**

Tarif M: **5,00 € + 0,09 € · x + 0,09 € · y** *oder* **5,00 € + 0,09 € · (x + y)**

b) 5 Minuten,

	Gesprächsminuten von zu Hause	Gesprächsminuten von unterwegs	Gesamtkosten im Monat
Tarif S	15	15	**7,60 €**
Tarif M	15	15	**7,70 €**
Tarif S	16	16	**7,94 €**
Tarif M	16	16	**7,88 €**

c) 2 Minuten,

- Wenn Lisa nicht mehr als 15 Minuten von beiden Bereichen aus telefoniert, ist **Tarif S** günstiger.
- Sobald Lisa von beiden Bereichen aus nur 1 Minute mehr telefoniert, ist **Tarif M** günstiger.

d) 2 Minuten,

Tarif S: **2,00 €** Tarif M: **6,00 €**

Antwort: Die Aussage von Lisa ist nicht ganz richtig. Schon bei mehr als 20 Minuten Gesprächsdauer im Monat ist der Tarif M günstiger.

e) 2 Minuten,

Berechnung einer Gesprächsminute bei Tarif S:
Kosten bei 20 Gesprächsminuten: 7 €
Grundgebühr bei Tarif S: 2 €

Gesprächskosten bei 20 Gesprächsminuten:
7 € – 2 € = 5 €

Kosten pro Gesprächsminute:
5 € : 20 = **0,25 €**

Klassenarbeit 10

1. a) 1 Minute,

Einsetzen von x = 4:

$$3 \cdot 4 - 5 \overset{?}{=} 12$$
$$12 - 5 \overset{?}{=} 12$$
$$7 \neq 12$$

Somit gilt: $\mathbb{L} \neq \{4\}$

b) 1 Minute,

Einsetzen von x = 1:

$$-2 \cdot 1 + 3 \overset{?}{=} 8 + 3 \cdot 1$$
$$-2 + 3 \overset{?}{=} 8 + 3$$
$$1 \neq 11$$

Somit gilt: $\mathbb{L} \neq \{1\}$

c) 1 Minute,

Einsetzen von x = 0:

$$3 \cdot 0 + \frac{3}{5} \overset{?}{=} \frac{6}{10}$$
$$0 + \frac{3}{5} \overset{?}{=} \frac{3}{5}$$
$$\frac{3}{5} = \frac{3}{5}$$

Somit gilt: $\mathbb{L} = \{0\}$

d) 1 Minute,

Einsetzen von x = –2,3:

$$8 \cdot (-2{,}3) - 2 \overset{?}{=} -18{,}1 + (-2{,}3)$$
$$-18{,}4 - 2 \overset{?}{=} -18{,}1 - 2{,}3$$
$$-20{,}4 = -20{,}4$$

Somit gilt: $\mathbb{L} = \{-2{,}3\}$

2. a) 2 Minuten,

Einsetzen von x = –2:

$$5 + \square \cdot x = 7 + 3x \quad | \, x = -2$$
$$5 + \square \cdot (-2) = 7 + 3 \cdot (-2)$$
$$5 + \square \cdot (-2) = 1$$

Zu 5 muss $-4 = \mathbf{2} \cdot (-2)$ addiert werden, damit 1 herauskommt.

Lösung:
$5 + \mathbf{2} \cdot x = 7 + 3x;\ \mathbb{L} = \{-2\}$

b) 2 Minuten,

Einsetzen von $x = \frac{1}{3}$:

$$-\square \cdot x + 11 = 8 - 12x \quad | \, x = \frac{1}{3}$$
$$-\square \cdot \frac{1}{3} + 11 = 8 - 12 \cdot \frac{1}{3}$$
$$-\square \cdot \frac{1}{3} + 11 = 4$$

Von 11 muss $7 = \mathbf{21} \cdot \frac{1}{3}$ subtrahiert werden, damit sich 4 ergibt.

Lösung:
$-\mathbf{21} \cdot x + 11 = 8 - 12x;\ \mathbb{L} = \left\{\frac{1}{3}\right\}$

3. a) 1 Minute,

$\mathbf{x + 2{,}5\ cm + 3x + 2{,}2\ cm = 9{,}5\ cm}$ *oder* $\mathbf{4x + 4{,}7\ cm = 9{,}5\ cm}$

b) 1 Minute,

Preis des DVD-Players: x
Preis der DVD: x – 27 €

Gleichung:
x + (x – 27 €) = 52,90 €

oder

Preis der DVD: x
Preis des DVD-Players: x + 27 €

Gleichung:
x + (x + 27 €) = 52,90 €

c) 1 Minute,

Anzahl der Gesprächsminuten auf Handys: x

Gleichung: **26,99 € + 0,19 € · x = 35,54 €**

d) 2 Minuten,

Gewicht von Kaninchen Paul: x
Gewicht von Tim: $26 \cdot x$
Gewicht von Lea: $(26 \cdot x) : 2 = 13 \cdot x$

Gleichung: $\mathbf{x + 26 \cdot x + 13 \cdot x = 129\ kg}$

4. 5 Minuten,

$$\frac{3}{4} - \left(v - \frac{1}{8}\right) = \left(-\frac{1}{4}v + 0{,}5\right) \cdot (-14)$$

Auflösen der Klammern auf beiden Gleichungsseiten

$$\frac{3}{4} - v + \frac{1}{8} = 3\frac{1}{2}v - 7$$

Zusammenfassen von $\frac{3}{4}$ und $\frac{1}{8}$

$$\frac{7}{8} - v = 3\frac{1}{2}v - 7$$

Addition von +7 auf beiden Gleichungsseiten

$$7\frac{7}{8} - v = 3\frac{1}{2}v$$

Addition von +v auf beiden Gleichungsseiten

$$7\frac{7}{8} = 4\frac{1}{2}v$$

Multiplikation mit 8, um die Brüche aufzulösen

$$63 = 36v$$

Division durch 36

$$1{,}75 = v$$

5. a) 1 Minute,

$$\begin{aligned} 2{,}6 - 2x &= 6 && \mid -2{,}6 \\ -2x &= 3{,}4 && \mid :(-2) \\ x &= \mathbf{-1{,}7} \end{aligned}$$

b) 1 Minute,

$$\begin{aligned} 9 + \frac{3}{8}x &= -3 && \mid -9 \\ \frac{3}{8}x &= -12 && \mid \cdot \frac{8}{3} \\ x &= \mathbf{-32} \end{aligned}$$

c) 1 Minute,

$$\begin{aligned} 5{,}2 + 8x &= 4x - 1{,}8 && \mid -4x \\ 5{,}2 + 4x &= -1{,}8 && \mid -5{,}2 \\ 4x &= -7 && \mid :4 \\ x &= \mathbf{-1{,}75} \end{aligned}$$

d) 2 Minuten,

$$\begin{aligned} -2 \cdot (3x - 4) &= -(-4{,}3 + 5x) - 5x - 4{,}3 \\ -6x + 8 &= 4{,}3 - 5x - 5x - 4{,}3 \\ -6x + 8 &= -10x && \mid +6x \\ 8 &= -4x && \mid :(-4) \\ x &= \mathbf{-2} \end{aligned}$$

6. a) 2 Minuten, 39

Mark hat als Rechenschritt von der 3. auf die 4. Zeile $-\frac{5}{4}$ gewählt. Das ist aber falsch. Damit der Wert $-\frac{5}{4}$ von der rechten Seite verschwindet, hätte er stattdessen von der 3. auf die 4. Zeile $+\frac{5}{4}$ rechnen müssen.

$$\frac{1}{6}-\left(-7{,}5x+\frac{2}{3}\right)=\left(-35{,}5x+\frac{25}{4}\right):(-5)$$

$$\frac{1}{6}+7{,}5x-\frac{2}{3}=7{,}1x-\frac{5}{4}$$

$$-\frac{1}{2}+7{,}5x=7{,}1x-\frac{5}{4}$$

$$-1\frac{3}{4}+7{,}5x=7{,}1x$$

$$-1\frac{3}{4}=-0{,}4x$$

$$4{,}375=x$$

b) 1 Minute,

$$-\frac{1}{2}+7{,}5x=7{,}1x-\frac{5}{4} \quad \left|+\frac{5}{4}\right.$$

$$\frac{3}{4}+7{,}5x=7{,}1x \quad |-7{,}5x$$

$$\frac{3}{4}=-0{,}4x \quad |:(-0{,}4)$$

$$x=\mathbf{-1{,}875}$$

7. a) 3 Minuten,

$$4x-25=4x-23 \quad |-4x$$

$$-25=-23$$

Die Gleichung hat keine Lösung, weil für jedes beliebige x immer eine falsche Aussage entsteht, denn $-25 \neq -23$. Somit hat Kai recht.

b) 4 Minuten,

$$-\frac{6}{8}x+15{,}6=-\frac{3}{4}x+15\frac{3}{5}$$

$$-\frac{3}{4}x+15{,}6=-\frac{3}{4}x+15{,}6 \quad \left|+\frac{3}{4}x\right.$$

$$15{,}6=15{,}6 \quad |-15{,}6$$

$$0=0$$

Die Gleichung hat unendlich viele Lösungen, da für jedes beliebige x immer eine wahre Aussage entsteht.

8. a) 1 Minute,

$$\mathbf{4d+1k=2d+5k}$$

40

b) 3 Minuten,

Berechnung des Gewichts eines Dreiecks:

$$6 \cdot 2{,}4\,g + 5d = 8d + 2 \cdot 2{,}4\,g$$

$$14{,}4\,g + 5d = 8d + 4{,}8\,g \quad |-4{,}8\,g$$

$$9{,}6\,g + 5d = 8d \quad |-5d$$

$$9{,}6\,g = 3d \quad |:3$$

$$d = \mathbf{3{,}2\,g}$$

9. a) 1 Minute,

Gewicht des Gepäcks: x

Term: $\mathbf{4\,€ + 0{,}25\,\frac{€}{kg} \cdot x}$

b) 2 Minuten,

Berechnung des Gewichts von Leos Gepäck:

$$4\,€ + 0{,}25\,\frac{€}{kg} \cdot x = 7{,}60\,€ \quad |-4\,€$$

$$0{,}25\,\frac{€}{kg} \cdot x = 3{,}60\,€ \quad |:0{,}25\,\frac{€}{kg}$$

$$\mathbf{x = 14{,}4\,kg}$$

c) 1 Minute,

Beispiel:

Exklusiv für SIE: Bei „Nix-wie-weg“ kostet jedes Kilo Gepäck nur 50 Cent!

d) 3 Minuten,

Wertetabelle:

Gewicht in kg	0	10	20
Preis in €	**0**	**5**	**10**

Koordinatensystem:

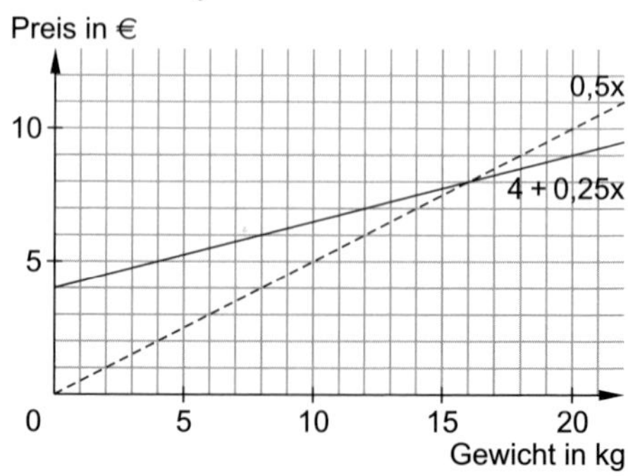

e) 1 Minute,

Bei einem Gepäckgewicht bis unter 16 kg ist es günstiger mit „Nix-wie-weg“ zu reisen.

Test 6

1. 4 Minuten,

	richtig	falsch	keine Aussage möglich
Es ist Zufall, dass Paul beim Armdrücken gewinnt.	☐	☐	☒
Wenn ein Würfel 20-mal geworfen wird und dabei 5-mal die Zahl 2 fällt, dann ist 5 die relative Häufigkeit der Zahl 2.	☐	☒	☐
Die relative Häufigkeit wird stets in Bruchschreibweise angegeben.	☐	☒	☐
Bei langen Versuchsreihen entspricht die relative Häufigkeit eines Ergebnisses ungefähr dessen Wahrscheinlichkeit.	☒	☐	☐

2. 5 Minuten,

Umfang der Versuchsreihe: 150

absolute Häufigkeit	27	**78**	**45**
relative Häufigkeit	$\frac{\mathbf{27}}{\mathbf{150}} = \mathbf{0{,}18}$	$\frac{78}{150} = 0{,}52$	$\mathbf{0{,}3} = \frac{\mathbf{30}}{\mathbf{100}} = \frac{\mathbf{45}}{\mathbf{150}}$
relative Häufigkeit in %	**18 %**	**52 %**	30 %

3. a) 1 Minute,

Die Wahrscheinlichkeiten sind gleich groß:

$$P(1) = P(2) = P(3) = \frac{1}{3} \approx 33{,}3\ \%$$

Die Wahrscheinlichkeiten betragen jeweils **ca. 33,3 %**.

b) 4 Minuten,

Umfang der Versuchsreihe: $9 + 12 + 18 = 39$

Tabelle:

	1	**2**	**3**
absolute Häufigkeit	9	12	18
relative Häufigkeit in %	$\frac{9}{39} = \frac{3}{13} \approx$ **23,1 %**	$\frac{12}{39} = \frac{4}{13} \approx$ **30,8 %**	$\frac{18}{39} = \frac{6}{13} \approx$ **46,2 %**

c) 1 Minute,

Die Summe der relativen Häufigkeiten liegt über 100 %, da bei deren Berechnungen immer aufgerundet wurde. Diese Aufrundungen führen zur Abweichung von 0,1 %.

d) 2 Minuten,

Der Streifen ist 10 cm lang. Damit gilt: 1 % entspricht 0,1 cm.
Häufigkeit für 1: 23,1 % ≈ 23 % ≙ 2,3 cm
Häufigkeit für 2: 30,8 % ≈ 31 % ≙ 3,1 cm
Häufigkeit für 3: 46,2 % ≈ 46 % ≙ 4,6 cm

Streifendiagramm:

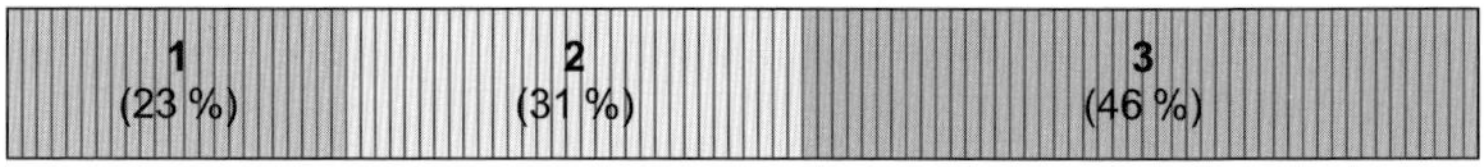

e) 1 Minute,

Die Abweichungen ergeben sich aus der geringen Anzahl der Drehungen, die Leon mit dem Glücksrad vorgenommen hat. So wirken sich Häufungen sehr stark auf das Ergebnis aus. Je höher die Drehanzahl, desto mehr nähert sich die relative Häufigkeit der berechneten Wahrscheinlichkeit an.

4. a) 1 Minute,

Zahl auf dem Sechs-Flächen-Körper	1	2	3	4	5	6
Anzahl der Würfe	**26**	**7**	**17**	**14**	**9**	**24**

b) 1 Minute,

Fläche 1 ist etwa so groß wie Fläche **6**.
Fläche **2** ist etwa so groß wie Fläche **5**.
Fläche **3** ist etwa so groß wie Fläche **4**.

Klassenarbeit 11

1. a) 1 Minute,

A, **B**, **D**, **F**, **I**

b) 2 Minuten,

Mögliche Begründungen:

- Tetraeder (F):
  Jeder Person wird eine der Zahlen von 1 bis 4 zugeordnet, da diese alle mit der gleichen Wahrscheinlichkeit fallen.
- Glücksrad (I):
  Jeder Person wird ein Zahlenpaar zugeordnet, z. B. 1 und 2; 3 und 4; 5 und 6; 7 und 8. Die Paare gewinnen alle mit der gleichen Wahrscheinlichkeit.
- Dodekaeder (A):
  Jeder Person werden drei Zahlen zugeordnet, z. B. 1 bis 3; 4 bis 6; 7 bis 9; 10 bis 12. Diese Zahlentripel fallen alle mit derselben Wahrscheinlichkeit.

c) 1 Minute,

Wahrscheinlichkeit, mit dem Dodekaeder eine 5 zu werfen:

$P(5) = \frac{1}{12} = 0{,}08\overline{3} \approx \mathbf{8{,}3\ \%}$

d) 2 Minuten,

Es ist wahrscheinlicher, mit dem normalen Würfel eine 3 zu werfen. Beim normalen Würfel beträgt die Wahrscheinlichkeit für jede Zahl $\frac{1}{6} = 0{,}1\overline{6} \approx 16{,}67\ \%$. Beim U-Würfel sind die Wahrscheinlichkeiten unterschiedlich groß, da seine Masse nicht gleich verteilt ist. Weil der Schwerpunkt bei der Seite mit der 3 liegt, wird der Würfel öfter auf der Seite mit der 3 liegenbleiben und die Wahrscheinlichkeit, eine 3 zu werfen, ist somit kleiner als $\frac{1}{6}$.

e) 3 Minuten,

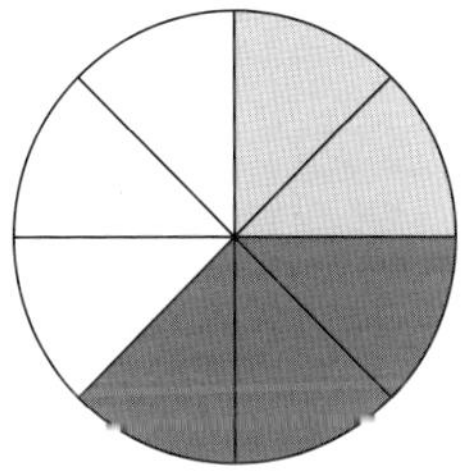

Anzahl blaue Felder (hier hellgrau):

$\frac{1}{4} = \frac{2}{8} \quad \Rightarrow \quad$ 2 von 8 Feldern sind blau

Anzahl rote Felder (hier dunkelgrau):

$37{,}5\ \% = 0{,}375 = \frac{375}{1\,000} = \frac{3}{8} \quad \Rightarrow \quad$ 3 Felder sind rot

f) 2 Minuten,

Die Regelung ist unfair, da es aufgrund der Gewichtsverteilung wahrscheinlicher ist, dass der Kronkorken auf dem Rücken landet als auf dem Rand.

2. a) 1 Minute,

Ergebnismenge $S = \{$**b (blau); r (rot); w (weiß)**$\}$

b) 2 Minuten,

Das Säckchen enthält noch 4 Kugeln, nämlich 1 rote, 2 weiße und 1 blaue. Wahrscheinlichkeit, die rote Kugel zu ziehen:

$P(\text{rot}) = \frac{1}{4} = 0{,}25 = 25\ \%$

Die Wahrscheinlichkeit liegt bei **25 %**.

3. a) 1 Minute,

$S = \{\mathbf{(1|1); (1|2); (1|3); (1|4); (2|2); (2|3); (2|4); (3|3); (3|4); (4|4)}\}$

b) 1 Minute,

Wahrscheinlichkeit, zwei gerade Zahlen zu werfen:

$P(\text{gerade Zahl}) = P((2|2); (2|4); (4|4)) = \frac{3}{10} = 0{,}3 = 30\ \%$

Die Wahrscheinlichkeit liegt bei **30 %**.

c) 2 Minuten,

Die Wahrscheinlichkeit, bei einmaligem Werfen eine 2 zu werfen, ist $P(2) = \frac{1}{4}$.

Zu erwartende Anzahl der geworfenen 2er:

$$\frac{1}{4} \cdot 120 = 30$$

Es ist zu erwarten, dass etwa **30-mal** die Zahl 2 fällt.

4. a) 5 Minuten,

$$\text{P(eine bestimmte Zahl gewinnt)} = \mathbf{\frac{1}{37}}$$

$$\text{P(eine gerade Zahl gewinnt)} = \mathbf{\frac{19}{37}}$$

$$\text{P(eine der Zahlen von 24 bis 36 gewinnt)} = \mathbf{\frac{13}{37}}$$

b) 2 Minuten,

Mögliche Beispiele:

- Wahrscheinlichkeit, dass eine Primzahl gewinnt:

  $$\text{P(Primzahl)} = \text{P}(2; 3; 5; 7; 11; 13; 17; 19; 23; 29; 31) = \frac{11}{37}$$

- Wahrscheinlichkeit, dass eine Zahl von 1 bis 4 gewinnt:

  $$\text{P(1 bis 4)} = \frac{4}{37}$$

- Wahrscheinlichkeit, dass eine Zahl größer als 8 gewinnt:

  $$\text{P(größer 8)} = \frac{28}{37}$$

c) 1 Minute,

Kims Theorie ist falsch. Die Wahrscheinlichkeit, dass eine schwarze Zahl gedreht wird, ist jedes Mal gleich groß. Welche Farbe gedreht wird, ist unabhängig von der zuvor gedrehten Farbe, denn der Zufall hat kein Gedächtnis.

5. a) 2 Minuten,

Bei Max' Versuchsreihe treten die Zahlen 1, 3, 4 und 6 alle mit einer ähnlichen Häufigkeit (im Bereich zwischen 86 und 91) auf. Damit könnten diese Zahlen alle die gleiche Wahrscheinlichkeit haben. Die Zahlen 2 und 5 treten ebenfalls mit ähnlichen Häufigkeiten auf (39 und 45), fallen jedoch deutlich seltener als die restlichen vier Zahlen. Folglich kommt für Max nur **Zufallsgerät A** infrage. Dort stehen die Zahlen 1, 3, 4 und 6 auf gleich großen, also auch auf gleich wahrscheinlichen Flächen. Diese sind deutlich größer, also auch deutlich wahrscheinlicher als die Flächen mit der 2 und der 5.

b) 5 Minuten,

Umfang der Versuchsreihe: $75 + 35 + 130 + 140 + 40 + 80 = 500$

Tabelle:

Lisa	1	2	3	4	5	6
absolute Häufigkeit	75	35	130	140	40	80
relative Häufigkeit in %	**15 %**	**7 %**	**26 %**	**28 %**	**8 %**	**16 %**

c) 3 Minuten,

Säulendiagramm:

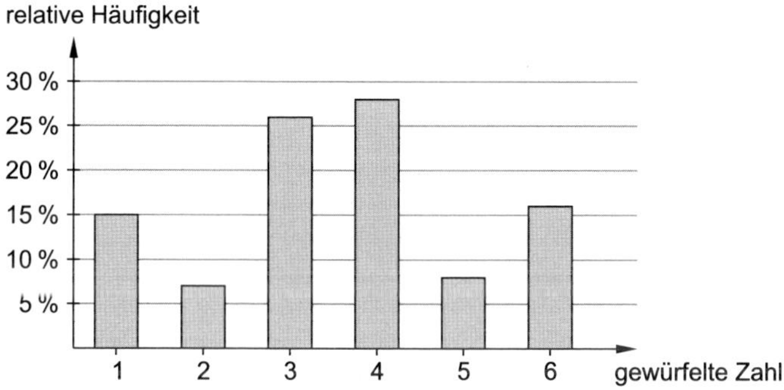

d) 3 Minuten,

Mögliche Zufallsgeräte mit den beschriebenen Bedingungen:

- Ziehen von Kugeln aus einer Urne:
  Die Urne enthält 1 rote, 1 weiße, 6 grüne, 6 gelbe, 2 schwarze und 4 blaue Kugeln.
- Glücksrad mit 6 Feldern:
  Die Sektoren mit den Zahlen 1 und 2 haben einen Mittelpunkswinkel von 25° und die mit den Zahlen 3 und 4 je 30°. Der Sektor mit der Zahl 5 hat einen Winkel von 50° und der mit der Zahl 6 einen Winkel von 200°.

6. a) 4 Minuten,

Anteil der gezogenen roten Kugeln: $\frac{12}{20} = \frac{60}{100} = 0{,}6$

Vermutete Anzahl der roten Kugeln: $0{,}6 \cdot 8 = 4{,}8 \approx 5$

Vermutete Anzahl der blauen Kugeln: $8 - 5 = 3$

Nick sollte auf **5** rote Kugeln und auf **3** blaue Kugeln tippen.

b) 2 Minuten,

☐ 25 ☐ 75 ☐ 100 ☒ 1 000

Begründung:
Um die tatsächliche Anzahl möglichst genau schätzen zu können, muss eine hohe Anzahl an Ziehungen erfolgt sein. Nach dem Gesetz der großen Zahlen nähert sich die im Versuch ermittelte relative Häufigkeit der tatsächlichen Wahrscheinlichkeit immer näher an, je größer die Anzahl der Ziehungen ist. Folglich wird die Abschätzung der Kugelanzahl dann immer genauer.

Klassenarbeit 12

1. a) 2 Minuten,

Es haben **32** Schülerinnen und Schüler am Wettbewerb teilgenommen. Die meisten Teilnehmer sind **1,15** m hoch gesprungen. **8** Personen schafften eine Höhe von mindestens 1,20 m. Niemand hat die Höhe **z. B. 1,30** m geschafft.

b) 6 Minuten,

Hochsprungleistung	1,10 m	1,15 m	1,20 m	1,25 m
absolute Häufigkeit	**8**	**16**	**6**	**2**
relative Häufigkeit	$\frac{8}{32} = 0{,}25$	$\frac{16}{32} = 0{,}5$	$\frac{6}{32} = 0{,}1875$	$\frac{2}{32} = 0{,}0625$
relative Häufigkeit in %	**25 %**	**50 %**	**18,8 %**	**6,3 %**

c) 4 Minuten,

Berechnung der Winkel der Sektoren:
Es gilt: 1 % entspricht 3,6°

$$25\,\% \mathrel{\hat{=}} 25 \cdot 3{,}6° = 90°$$
$$50\,\% \mathrel{\hat{=}} 50 \cdot 3{,}6° = 180°$$
$$18{,}8\,\% \approx 19\,\% \mathrel{\hat{=}} 19 \cdot 3{,}6° = 68{,}4° \approx 68°$$
$$6{,}3\,\% \approx 6\,\% \mathrel{\hat{=}} 6 \cdot 3{,}6° = 21{,}6° \approx 22°$$

Kreisdiagramm:

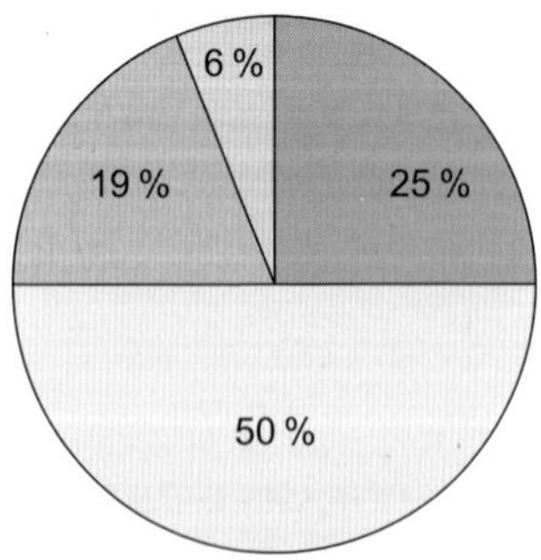

2. a) 9 Minuten,

Tabelle:

Note	1	2	3	4	5	6
absolute Häufigkeit	2	**5**	**8**	**6**	**3**	**1**
relative Häufigkeit	$\frac{2}{25} = 0{,}08$	$\frac{5}{25} = 0{,}20$	$\frac{8}{25}$	$\frac{6}{25} = 0{,}24$	0,12	$\frac{1}{25} = 0{,}04$
relative Häufigkeit in %	**8 %**	**20 %**	**32 %**	**24 %**	**12 %**	4 %

Diagramm:

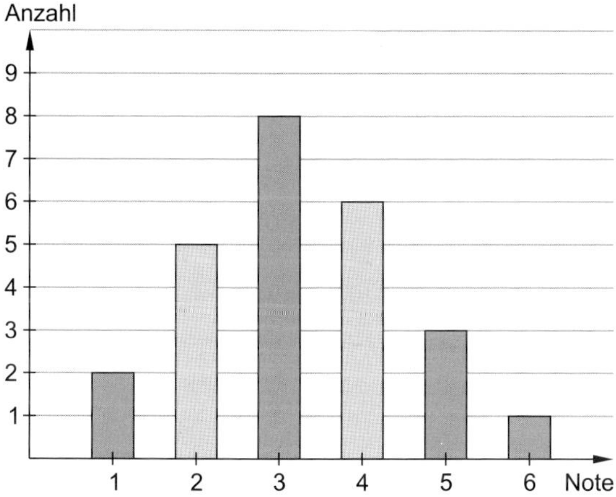

b) 4 Minuten,

Notendurchschnitt Klasse 7a mit Toms Behauptung:

$$\frac{1\cdot 1+8\cdot 2+8\cdot 3+6\cdot 4+5\cdot 5+0\cdot 6}{1+8+8+6+5+0}=\frac{90}{28}\approx 3{,}21$$

Ja, Tom hat recht. Da $3{,}21 < 3{,}24$ gilt, wäre der Notendurchschnitt der 7a besser gewesen als der Notendurchschnitt der 7b.

3. a) 1 Minute,

Bester Schuss: $\mathbf{125\,\frac{km}{h}}$ Schlechtester Schuss: $\mathbf{110\,\frac{km}{h}}$

b) 3 Minuten,

Berechnung der Durchschnittsgeschwindigkeit:

$$\frac{110\,\frac{km}{h}+119\,\frac{km}{h}+123\,\frac{km}{h}+125\,\frac{km}{h}+121\,\frac{km}{h}+125\,\frac{km}{h}}{6}=\frac{723\,\frac{km}{h}}{6}=\mathbf{120{,}5\,\frac{km}{h}}$$

c) 3 Minuten,

Berechnung des mittleren Wertes (Zentralwert):
Der Größe nach aufsteigende Rangliste:

$$110\,\frac{km}{h};\quad 119\,\frac{km}{h};\quad \mathbf{121\,\frac{km}{h}};\quad \mathbf{123\,\frac{km}{h}};\quad 125\,\frac{km}{h};\quad 125\,\frac{km}{h}$$

Mittelwert aus den beiden mittleren Werten:

$$\frac{121\,\frac{km}{h}+123\,\frac{km}{h}}{2}=\frac{244\,\frac{km}{h}}{2}=\mathbf{122\,\frac{km}{h}}$$

d) 1 Minute,

$$125\,\frac{\text{km}}{\text{h}} - 110\,\frac{\text{km}}{\text{h}} = \mathbf{15\,\frac{km}{h}}$$

e) 4 Minuten,

	Minimum	Spannweite	arithmetisches Mittel	Maximum	Zentralwert
a)	☒	☐	☐	☒	☐
b)	☐	☐	☒	☐	☐
c)	☐	☐	☐	☐	☒
d)	☐	☒	☐	☐	☐

f) 4 Minuten,

Durchschnittsgeschwindigkeit ohne den 1. Schuss:

$$\frac{119\,\frac{\text{km}}{\text{h}} + 123\,\frac{\text{km}}{\text{h}} + 125\,\frac{\text{km}}{\text{h}} + 121\,\frac{\text{km}}{\text{h}} + 125\,\frac{\text{km}}{\text{h}}}{5} = \frac{613\,\frac{\text{km}}{\text{h}}}{5} = \mathbf{122{,}6\,\frac{km}{h}}$$

Die Durchschnittsgeschwindigkeit ohne den 1. Schuss trifft den Sachverhalt besser, da der 1. Schuss ein Ausreißer ist. Dieser senkt Paolos Durchschnittsgeschwindigkeit deutlich und verzerrt damit sein eigentliches Können.

4. 2 Minuten,

Minimum: **34,95 €**

Maximum: **48,25 €**

Spannweite: 48,25 € – 34,95 € = **13,30 €**

5. 2 Minuten,

Berechnung des Zentralwerts:

Der Größe nach aufsteigende Rangliste:

4,5 t; 8 t; **17,2 t;** **22,8 t;** 28 t; 34,1 t

Mittelwert aus den beiden mittleren Werten:

$$\frac{17{,}2\text{ t} + 22{,}8\text{ t}}{2} = \frac{40\text{ t}}{2} = \mathbf{20\text{ t}}$$